シリーズ 新しい気象技術と気象学

長期予報のしくみ

Shigenori Sakai
酒井重典［著］

New Meteorological Technology &
Meteorology

東京堂出版

シリーズ「新しい気象技術と気象学」の刊行によせて

　近年における気象技術・気象学の著るしい発展には，目を見はるものがあります．そしてその成果は，テレビの気象情報番組をはじめわれわれの毎日の生活のさまざまな面にみられます．気象衛星の雲画像，気象レーダーによる降雨分布，アメダスの風や気温分布などが，アニメを使った画情報として日常的にお茶の間で手に取るようにわかり，親しまれています．

　また，天気予報の精度が向上すると共に予報の種類も多くなり，例えばテレビ画面で強弱を伴った降雨域の予想のアニメ表示をみて，外出の前に自分で天気を予想することもできるようになりました．

　本シリーズでは，合計6冊の本の刊行を企画していますが，一般読者の方々に面白く，楽しく，わかりやすく，こうした気象情報の内容やその基になっているさまざまな気象観測システムと気象資料，天気予報技術を紹介しています．さらに，こうした進化した気象観測技術，天気予報技術が生み出された背景とそこにあるこんにちの気象学・気象技術の発展についてお話しするつもりで編集しました．

　このシリーズで取り上げたテーマとしては，「新しい気象観測技術の全容」，「新しい天気予報の現状と今後の展望」「新しい長期予報の全容」といった新しい観測技術・予報技術のさまざまな話題に続いて，日本付近の代表的な気象現象から選んだ，「梅雨前線の正体」，「日本付近に現れるいろいろな低気圧」，「竜巻やゲリラ豪雨をもたらす激しい気象現象」があります．

　しかし，このシリーズの本は専門書ではありません．学問的水準を維持しながら，読者の方々の関心や興味に応じて平易に解説しています．これはというテーマの本を手にとって頂き，日常的に体験する気象現象の実態を知り，その正体を明らかにした情報をゲットして頂きたいと思います．そして，これらの情報がテレビなどの気象情報番組の内容をより深く知り，気象災害時には防災情報を正しく理解する上で役立てば，監修者としてそれにまさるよろこびはありません．

監修者　新田　尚

はしがき

　一年の季節の変化をはっきりと見ることのできるわが国ですが，同じ季節でも年によって天候は大きく違うのが普通です．暖冬もあれば寒冬もあり，猛暑や干ばつの夏があるかと思えば冷夏や長雨の不順な夏があるなど，どの季節を見ても年々の天候はさまざまな形で現れます．ところが私たちの日常の生活や社会・経済活動などはそれぞれの季節の天候が例年通り，つまり平年並みに推移することを前提として計画されているのではないでしょうか．したがって，平年から偏った天候が現れますと，日常の生活はもちろん農業をはじめ各種産業の生産計画など社会や経済の各方面にさまざまな影響がでてきます．かつては長期予報の利用者といえば，ほとんど農業関係に限られていましたが，今では農業ばかりでなく社会の多くの分野で長期の計画策定などに役立てるための情報の一つとして長期予報の利用についての関心が高まっています．

　これまではとくに長期予報の予測精度が十分でないことが指摘されていましたが，近年アンサンブル予報の導入や大気海洋結合モデルを使った季節予報など新しい技術の開発があり，あるいはコンピューターの飛躍的な発展により，以前に比べると格段に精度の良い，また活用しやすい形の長期予報が発表されるようになってきました．とはいいましても，明日や明後日の天気予報ではかなりきめ細かな予報が発表されていますが，長期予報で対象とする長い先になりますと，明日の天気予報と同じような形で日々の天気を予報することはできません．これは予報技術が未熟であるということばかりではなく，大気自身が持つカオス的な性質によるものです．このため利用者にとっては，十分満足できる情報とは言えないかもしれませんが，長期予報の本質を理解した上で，その利活用について考えますと十分に有用な情報であることがわかります．

　本書の目的は気象予報士のみならず気象に関心のある一般の方，あるいは農業や生産・流通など長期的な天候の影響を受けるさまざまな分野の人々を対象に，長期予報を利活用するにあたって必要な情報を出来るだけ平易に解

説することを心がけました．長期予報を利活用するにあたって必要な基礎的な知識や長期予報の背景となる気象学的知見，あるいは今日の長期予報の柱となっているアンサンブル予報や大気海洋結合モデルによる3か月予報や暖候期・寒候期予報にも言及しました．このような解説を通して，"なぜ長期予報は当たりにくいか？"あるいは逆に，"どうして数か月先までの天候の予想ができるのか？"といった疑問に答えるようにしてあります．

　本書の構成は，第1章で長期予報とはどのようなものか，またどのような方法で数か月先までの天候を予測することができるのかを，第2章で長期予報を理解するための基礎知識として，四季の変化と大気の循環場との関係や平均天気図・偏差図の見方などについて，第3章では長期予報技術の背景となる最新の知見を，第4章では今日の長期予報の柱であるアンサンブル予報や大気海洋結合モデルの概要について，第5章では1か月予報や3か月予報，暖候期・寒候期予報の実際の資料を，第6章では長期予報の上手な利用について，第7章で近年の外国における季節予報モデルについても簡単に述べます．また付録として長期予報で主に使われる用語などを掲載してあります．

　気象庁では毎年，最新の長期予報に関する技術開発の成果を「季節予報研修テキスト」として発行しています．本書の大部分はこのテキストを基に記述しました．随所で引用させて頂きました．気象庁気候情報課の予報官前田修平さんには最新の季節予報をめぐる話題や資料の解説をはじめ，執筆にあたっての貴重なコメントを頂きました．心から御礼申し上げます．また気象庁気候情報課の皆さんにはいろいろとご教示を頂きありがとうございました．さらに，本書の企画の段階からご助言，ご指導いただいた新田尚先生に深く感謝いたしますとともに，編集を担当された東京堂出版の廣木理人さん，成田杏子さんには大変お世話になりました．ここに記してお礼を申し上げます．

目　次

はしがき

1. 長期予報とは …………………………………………………… 7
1.1　長期予報とは ………………………………………………… 7
1.2　数か月先の天候の予報がなぜ可能か ……………………… 9
1.3　長期予報の種類 ……………………………………………… 10

2. 長期予報を理解するための基礎知識 …………………………… 13
2.1　季節ごとの天気図の特徴 …………………………………… 13
　　2.1.1　冬 ……………………………………………………… 14
　　2.1.2　春 ……………………………………………………… 18
　　2.1.3　梅雨 …………………………………………………… 20
　　2.1.4　盛夏 …………………………………………………… 23
　　2.1.5　秋 ……………………………………………………… 25
2.2　日本付近の天候を支配する主な高気圧 …………………… 26
　　2.2.1　シベリア高気圧 ……………………………………… 26
　　2.2.2　太平洋高気圧 ………………………………………… 27
　　2.2.3　チベット高気圧 ……………………………………… 28
　　2.2.4　オホーツク海高気圧 ………………………………… 29
2.3　平均天気図や偏差図の見方 ………………………………… 30
　　2.3.1　平均天気図 …………………………………………… 31
　　2.3.2　偏差図の見方 ………………………………………… 32
2.4　長期予報の表現について …………………………………… 35
　　2.4.1　長期予報の確率表現 ………………………………… 35
　　2.4.2　階級区分 ……………………………………………… 36
　　2.4.3　平年値 ………………………………………………… 37

　　コラム　ロスビー波/定常ロスビー波 …………………………… 38

3. 長期予報技術の背景となる知見 ……………………………… 39
3.1 気候系と長期予報 ……………………………………… 40
3.1.1 2010年夏の異常天候 ……………………………… 41
3.1.2 異常天候のからくり ……………………………… 42
3.2 大気大循環と長期予報 …………………………………… 44
3.2.1 循環場を表す各種指数 ……………………………… 47
3.2.2 中・高緯度の循環場 ……………………………… 51
3.2.3 熱帯の循環場 ……………………………………… 60
3.2.4 エルニーニョ/ラニーニャ現象 ……………………… 65

4. 今日の長期予報 ………………………………………………… 75
4.1 長期予報の技術的変遷 …………………………………… 75
4.1.1 力学的手法導入前の長期予報 ……………………… 76
4.1.2 力学的手法による長期予報 ………………………… 79
4.2 アンサンブル予報 ………………………………………… 80
4.2.1 数値予報の予測限界とアンサンブル予報 …………… 82
4.2.2 アンサンブル予報から得られる情報 ………………… 86
4.3 大気海洋結合モデル ……………………………………… 90
4.3.1 3か月及び暖・寒候期予報と大気海洋結合モデル …… 91
4.3.2 「季節アンサンブル予報システム」の概要 ………… 93

5. 長期予報ができるまで ………………………………………… 95
5.1 1か月予報 ………………………………………………… 96
5.1.1 予報のための実況の把握 …………………………… 96
5.1.2 予想される循環場の検討 …………………………… 98
5.1.3 予報の信頼度を吟味 ………………………………… 100
5.1.4 熱帯の対流活動の動向 ……………………………… 105
5.1.5 ガイダンス資料の解釈 ……………………………… 105
5.1.6 資料を総合して予報の作成 ………………………… 106
5.2 3か月予報 ………………………………………………… 106
5.2.1 統計予測資料 ………………………………………… 107

	5.2.2 熱帯・中緯度実況解析図と予想資料 …………………………	108
	5.2.3 北半球実況解析図と予想資料 …………………………………	113
	5.2.4 各種指数類の時系列予想資料とガイダンス資料 ……………	117
	5.2.5 資料を総合して予報の作成 ……………………………………	119
5.3	暖候期・寒候期予報資料 ……………………………………………	119

6. 諸外国の季節予報システムの状況 …………………………………… 121

7. 長期予報の上手な利用に向けて ……………………………………… 125

7.1	さまざまな分野における長期予報の利用 …………………………	125
7.2	異常天候早期警戒情報 ………………………………………………	128
7.3	確率予報の上手な利用 ………………………………………………	128
	7.3.1 長期予報の確率表示 ……………………………………………	130
	7.3.2 確率予報の利活用（コスト/ロスモデル）……………………	131
	7.3.3 確率予報の評価 …………………………………………………	132
7.4	確率のついた季節予報の利用の例 …………………………………	134
7.5	これからの気候情報とその利活用について ………………………	140

長期予報についてさらに理解を深めるために……………………………… 143

付録

長期予報でよく使われる用語など ……………………………………	145
主な平年値 ……………………………………………………………	161

索引

1. 長期予報とは

　わが国の長期予報は，北日本の冷害を防止・軽減することを主な目的として始まりました．したがって，かつては長期予報の利用者といえば，その大部分は直接的に天候の影響を大きく受ける農業方面の関係者が中心でした．ところが近年，農業ばかりでなく社会のさまざまな分野で長期予報の利用についての関心が高まっています．私たちにとっては日々の天気や気温の変化は肌で感じることができますが，1か月平均とか3か月平均の気温というような長期予報で対象としている，ある期間の天候というのはなかなか実感として捉えにくいところがあります．ところが最近は，そのように捉えどころのない感じもする長期予報を何とか理解して積極的に活用していこうという利用者が増えてきました．

1.1　長期予報とは

　一般に天気予報といえば，これから数時間後あるいは数日後の天気が晴れなのか雨が降るのか，あるいは最高気温や最低気温が何℃になるかを予報しているものです．気象学の知識に基づきますと，総観規模スケールといわれる高気圧や低気圧が近づいてくると，どのような天気が現れ，あるいは気温がどのような変化をするかということなどが理解されています．したがって，明日や明後日のような数日先までの天気予報を行うには，高気圧や低気圧の動きやその発達の程度などが予測できればよいわけです．今ではアメダス観測網をはじめ，気象衛星による宇宙からの観測や気象レーダーによる観測など様々な気象観測網が整っています．それに加えて数値予報技術の進歩やコンピューターの性能の飛躍的な向上により，数日先までの低気圧や高気圧の動きや発達の程度などは，かなりの精度で予測できるようになりました．その結果，明日・明後日や1週間先くらいまでの天気予報（短期予報）はとて

も良く当たるようになっています．

　長期予報はといいますと，短期予報のように将来の毎日毎日の天気や気温を予報するのではありません．長期予報では長い時間スケールで変動する大気の流れがもたらす天候の平年からの偏りを予報します．つまり向こう1か月や3か月間というある期間の平均気温や降水量が，平年に比べて高いか低いか（多いか少ないか），あるいはこれからやってくる冬が平年に比べて寒い冬になるのかそれとも暖冬なのか，夏ならば暑夏になるのか冷夏になるかなど，やがてくる季節の天候の平年からの偏りを予報しているというところです．

　もちろん長期予報においても，たとえば1か月先のある日の天気や気温の状況というように，短期予報と同じような日々を単位とした予報あるいは特定ポイントの予報を求められることもありますが，そのような毎日の天気予報と同じような時間単位や地域を絞っての予報をすることは原理的に不可能なことです．それは予報技術が未熟だからということではありません．後で述べるように私たちの周りの大気がもっているカオス的な性質のため，1か月以上先までについて一つひとつの高気圧や低気圧の振舞いを断定的に予報することはできないからです．そこで長期予報では，個々の高気圧や低気圧の通過などに対応して変化する日々の天気や気温などを予報の対象とするのではなく，1週間や1か月の間に影響する全ての高気圧や低気圧などの総合状態として予報します．たとえば，その期間に低気圧が頻繁に通りやすい大気の流れになるのか，あるいは高気圧に覆われる日が多くなるのか，またその期間の平均気温が平年に比べて高いか低いか，あるいは降水量が平年よりも多くなるのか少ないかなどを予報することで，最も役に立つ予測情報を導き出そうというものです．

　かつては統計的方法（経験的方法）で行われていた長期予報ですが，その後気象学の進歩，大気や海洋など地球規模の観測データの整備などにより，大気と海洋の相互作用などの理解が進み，またコンピューターの飛躍的な発達に支えられて，力学モデルによる数か月先までの大気の循環場の予想ができるようになりました（数値予報）．さらに，アンサンブル予報など新しい技術が開発され，今ではすべての長期予報が統計的手法に代わって数値予報

モデルを用いたアンサンブル予報で行われています．以前に比べると精度が向上するとともに，予報モデルの改良等により今後も引き続き精度の向上が見込まれます．2010年2月には季節予報（3か月予報や暖候期・寒候期予報）に「大気海洋結合モデル」が導入され，半年ほど先までの季節予報の精度は一段と向上しました．

1.2　数か月先の天候の予報がなぜ可能か

今では2～3日先の天気予報から1週間先までの週間天気予報の精度は大きく向上してきました．それは，気象学の進歩やコンピューターの目覚ましい発達により，1週間ほど先までの高気圧や低気圧あるいは前線などの動きや発達の程度などを正確に予測することができるようになったからです．ところがいかに気象学が進歩し，コンピューターが発達しましても，長期予報で対象とする1か月以上先の一つひとつの高気圧や低気圧の発生や発達，動きなどを予測することは不可能なことを気象学は教えています．それでは，どうして長期予報ができるのでしょうか．

長期予報で予報しようとしているのは，予報期間内の毎日毎日の天気や気温などではありません．その期間の平均的な天候や気温・降水量などを予報しようというものです．そのためには一つひとつの高気圧や低気圧を予想する必要はありません．その期間の高気圧や低気圧の動向を支配する大規模な大気の流れの場が予測できればよいわけです．個々の高気圧や低気圧の振る舞いは大規模な大気の流れの状態（このような場は慣用的に循環場といわれます）と大いに関りのあることが理解されているからです．つまり長期予報にとっては，予報期間内の一つひとつの高気圧や低気圧を追跡するのではなく，低気圧が発達しやすい循環場なのか，あるいは移動性高気圧が通りやすい場なのかなどが予想できればよいということです．したがって1か月や3か月先の日々の高気圧や低気圧の動向を予測することは出来なくても，その期間の平均的な天候や気温・降水量などは予測できるのです．

また長期予報で予報の対象とする長い期間の大気の変動は，海洋や地表面

の状態（境界条件）の変動と一体となって変化しており，とくに熱帯の海洋や循環場の変動と日本付近の天候の関係が深いことが理解されています．たとえば，エルニーニョ現象に代表されるような熱帯の海面水温の変動は，熱帯域での対流活動（積乱雲の出来具合）の変動に関わっています．積雲対流活動の変動は，水蒸気の凝結に伴う大気大循環を動かす熱源の変動となって，熱帯だけでなくさらに広い範囲の日本付近を含む中・高緯度の大気の流れにも影響を及ぼします．そして，大気に比べて海洋の変動は持続性がありますので，海洋の変動を把握することで大気の変動を予測することができます．このように熱帯の海洋や循環場が長期予報にとって大きなよりどころとなっています．

1.3 長期予報の種類

　気象庁が発表している天気予報を予報の対象期間によって大きく分けると，1～2日先までの予報である短期予報，3～7日先の中期予報，それより先を予報する長期予報となります．短期予報は，一般に天気予報と言われているもので，中期予報は週間天気予報のことです．そして長期予報は1か月以上先の天候を予報する「季節予報」といわれるものです．このような1か月以上先の天候の予報は，気象庁の規則類では「長期予報」ではなく，すべて「季節予報」という言葉で表現されています．したがって気象庁のホームページなどでも長期予報ではなく季節予報として掲載されています．しかしながら予報の対象期間という意味では，前述のように長期予報の分野であり，また一般的には長期予報という言葉が広く使われていますので，本書の書名も季節予報ではなく「長期予報」としています．また以下，本書の記述においても原則としては，1か月以上先の予報のことをすべて「長期予報」と表現していきます．ただし特に1か月予報を除く，3か月予報と暖・寒候期予報をさす場合や，大気海洋結合モデルに関する記述においては，長期予報ではなく「季節予報」とすることもあります．

　現在，気象庁が発表している長期予報は表1.1のとおりです．1か月予報，

1. 長期予報とは

表1.1 季節予報の種類や内容（気象庁提供）

種類	発表日時	内容	予測手法
1か月予報	毎週金曜日，14時30分	1か月平均気温，第1週・第2週・第3～4週の平均気温，1か月合計降水量，1か月合計日照時間，日本海側の1か月合計降雪量（冬季のみ）の出現確率	数値予報（アンサンブル予報）
3か月予報	毎月25日頃（22日～25日），14時00分	3か月平均気温，3か月合計降水量，月ごとの平均気温，合計降水量，日本海側の3か月合計降雪量（冬季のみ）の出現確率	数値予報（アンサンブル予報），統計的手法
暖候期予報	毎年2月25日頃（22日～25日），14時00分	夏（6～8月）の平均気温，合計降水量，梅雨時期（6～7月，沖縄・奄美は5～6月）の合計降水量の出現確率	数値予報（アンサンブル予報）
寒候期予報	毎年9月25日頃（22日～25日），14時	冬（12～2月）の平均気温，合計降水量，日本海側の合計降雪量の出現確率	数値予報（アンサンブル予報）

3か月予報そして暖候期・寒候期予報があります．予報の内容としては，1か月や3か月というそれぞれの予報期間の平均状態，およびその期間を1週間あるいは1か月間などに細分した期間の平均状態を平年に比べて「低い（少ない）」，「平年並」，「高い（多い）」の3つの階級に分け，それぞれの階級の予想される可能性の大きさを確率で予報しています．また，長期予報は全国を対象とする全般季節予報と，全国を11の地域に区分して，それぞれの地域の平均状態を対象とする地方季節予報に分けられています（図1.1）．

毎日発表される短期予報や週間天気予報では，日々の天気や気温などを細かく予報し，対象とする地域も細かく分けた詳しい予報が出されるようになっていますが，長期予報では時間的には最も細かいところで1週間平均，地域的には全国を11の地域に区分したそれぞれの地域平均を対象としています．さらにその平年からの偏りを予報しており，その偏りがどのような割合で出現することが予想されるかを確率で表示しています．長期予報においても短期予報と同じように，「もっと木目細かい予報を……」というニーズ

図1.1 全般季節予報と地方季節予報で用いる地域区分（気象庁提供）
左は全般季節予報，右は地方季節予報．

はあるのですが，これは大気の変動の性質上，原理的に長い期間について，短期予報のような詳しい予測ができないからです．1か月や3か月先の気象状態をただ一つの答えとして断定的に予想するのではなく，このように確率表現として予報するのが最も役に立つ情報ということです．

2. 長期予報を理解するための基礎知識

　長期予報では平年の状態に比べて気温が高いか低いか，あるいは雨が多いか少ないか等を予報します．したがって，長期予報を正しく理解するためには，平年の季節の変化やそれぞれの季節の平年の状態を知識として持っておく必要があります．この章では長期予報を利用するための基礎知識として，各季節の特徴と大気の循環場との関係や季節ごとの天候を支配する主な高気圧などについて見ていきます．さらに長期予報を理解する上で最も重要なポイントといえる天候と500hPa平均天気図との関係や循環指数との関係，そして平均天気図や偏差図の見方さらに長期予報の表現などについて記述しています（2.3参照）．

2.1　季節ごとの天気図の特徴

　日本列島はユーラシア大陸の東岸に位置し，周囲を日本海や太平洋などの海洋に囲まれています．また，北は亜寒帯から南は亜熱帯まで南北におよそ3000kmに連なる列島です．このような地理的条件や地球の自転軸が公転面に対して傾きをもっているという天文学的条件などから，明瞭な季節の変化が見られます．とくに夏と冬とでは対象的な季節風が日本付近の天候を支配し，大陸東岸気候の特徴やアジアモンスーン気候の特徴を表しています．

　各季節の天候は，その季節を代表する気団に大きく左右されます．気団とは，大きな大陸上や海洋の上に長い時間滞留した空気が，その地表面や海洋の影響を受けて，それぞれの場所に特有な気温や湿度などをもった大きな空気の塊となっているもののことです．日本付近の気候や季節に関係している主な気団としては，シベリア大陸上で形成され日本の冬の天候を支配する寒冷で乾いたシベリア気団，主に春と秋に大陸の華中方面で生まれ，移動性高気圧とともにやってくる長江気団，梅雨から夏にかけてオホーツク海高気圧

から流れ込んでくるオホーツク海気団，そして日本の夏特有の高温・多湿な気候をもたらす小笠原気団や台風とともにやってくる赤道気団などがあります．1年を周期として，これらの気団が入れ替わることで日本特有の季節変化が見られます．

　さて，日本の四季の変化を教科書的に述べてみますと以下のようになります．冬は西高東低の気圧配置が卓越して，大陸からの冷たい北よりの季節風が吹き，厳しい寒さや日本海側の地方では，一冬に何度かは大雪の話題が出てきます．春になると，移動性高気圧や低気圧が日本付近を周期的に通り，変化に富んだ天気変化が見られます．やがて梅雨というモンスーンアジア特有の雨の季節を経て，7月中ごろには強い陽射しが照りつける暑い盛夏の季節がやってきます．この梅雨から盛夏季への季節の推移は，年によってかなり違います．その季節の推移は，毎年の恒例行事として梅雨入りや梅雨明けの時期の発表として話題をよびます．盛夏の季節が終わると，残暑が気になる季節です．そして台風や秋雨前線に伴う災害の多い季節の秋が過ぎると，その後には厳しい冬の到来というサイクルを繰り返しています．

　実際には毎年このように典型的な季節変化をしているわけではありません．年によって季節の歩みは大きく異なり，それぞれの季節の天候も様々な形で現れます．たとえば，平年に比べて気温の高い暖冬があり，豪雪に見舞われる寒さの厳しい冬もあります．また夏には猛暑や干ばつがあるかと思えば，冷夏や長雨の不順な夏があるというように，むしろ平年から大きく偏った天候が現れるのが普通で，しばしば異常気象といわれるほどに天候の顕著な偏りが見られます．以下には各季節の特徴とそのような天候をもたらす気圧配置などの関係について見ていきます．

2.1.1　冬

　長期予報では，冬の期間として前年の12月から2月までの3か月のことをいいます．日本の冬の天候は，冷たく乾燥したシベリア気団に大きく左右され，西高東低の気圧配置として特徴づけられます．シベリア気団は寒帯大陸性気団で，太陽放射が少なくなる冬の期間にシベリア大陸上の放射冷却に

よって形成されます．したがって，もともとは寒冷で乾燥した気団ですが，西高東低の気圧配置となって大陸から流れ出し，日本海を通過してくる段階で海面から熱と水蒸気を補給されて変質し，日本付近に達する頃には雪雲ができ，日本海側の地方に降雪をもたらします．この季節風は，脊梁山脈を越えて太平洋側の地方には乾燥した冷たい風を吹かせ晴天をもたらします．このように，日本列島の冬は日本海側と太平洋側とで対照的な天候となるのが大きな特徴です．やがて冬も後半になりますと，東シナ海付近で低気圧が発生するようになり，その低気圧は本州南岸を通るようになります．この低気圧は太平洋側の地方にも雪を降らせることとなり，時には災害を発生させるほどの大雪となることもあります．

　冬の代表として1月の天気図を見てみます．図2.1は平年の1月の月平均天気図です．左側が地上天気図，右側が500hPa（地上約5kmの高度）天気図です．まず地上天気図を見ると，シベリアのバイカル湖付近に中心をもつ高気圧が広くアジア大陸を覆っているのが特徴的です．また太平洋北部と大西洋北部には発達した低気圧がありますが，これらはその存在している場

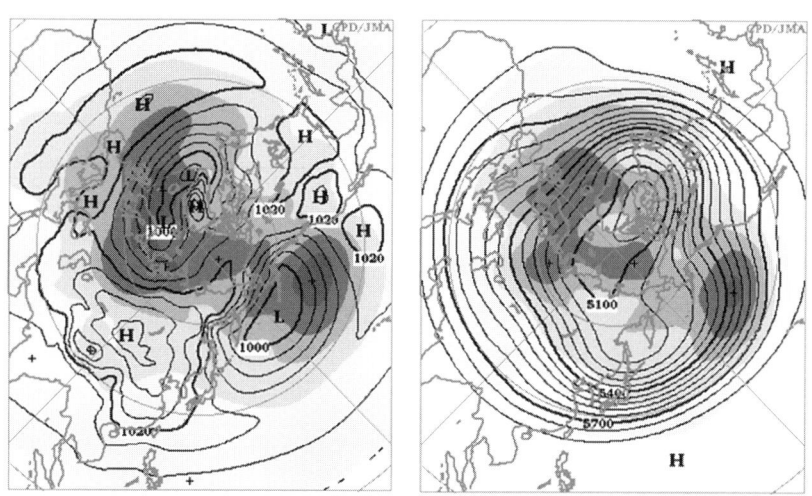

図2.1　平年の1月平均の地上天気図（左）と500hPa天気図（右）（気象庁提供）
　　　　地上天気図の等圧線の間隔は4hPaごと，500hPa天気図での等高度線の間隔は60mごととなっています．陰影は気圧（左）や高度（右）の標準偏差分布です．
　　　　Hは高気圧，Lは低気圧です．

所によって，それぞれアリューシャン低気圧，アイスランド低気圧と呼ばれるものです．図の陰影は年々の変動の程度を示す標準偏差が比較的大きなところを示していますが，二つの低気圧付近では陰影部が濃くなっており，標準偏差が大きいことを意味します．これはアリューシャン低気圧やアイスランド低気圧の発達の程度や発達の場所が年によって大きく違いがあることを示しています．一方シベリア高気圧付近では標準偏差はあまり大きくありません．ということは，シベリア高気圧の強さやその発達する場所などは，年による違いはあまり大きくないということになります．つまり冬になると必ずバイカル湖付近を中心に冬将軍といわれるシベリア高気圧が発達・停滞しているということです．日本付近を中心に見てみますと，シベリア高気圧はバイカル湖のすぐ南西方に中心があってユーラシア大陸北部のほぼ全域を覆い，東の方は日本付近まで張り出しています．発達したアリューシャン低気圧とともに等圧線が南北に縦じま模様の西高東低の気圧配置を形成しています．この図は平年の天気図ですので，1981〜2010年の30年間の冬（12月〜2月の3か月平均）の天気図を平均したものです．毎日の天気予報で出てくる天気図では，大陸の高気圧は日々強くなったり弱くなったりと変動し，日本付近を時には低気圧や高気圧が通過し，低気圧はアリューシャン列島付近で発達するということが繰り返されていますが，その3か月平均のさらに30年平均をした平年の天気図でも，図のように日本の西側の大陸上にはシベリア高気圧，東側には発達したアリューシャン低気圧という，いわゆる西高東低の気圧配置を形成されていることが分かります．このような冬の期間を平均したシベリア高気圧やアリューシャン低気圧が強いか弱いかによって，日本の冬は寒冬となったり暖冬となったりしますが，冬の天気図の特徴は常に西高東低の気圧配置が卓越しているということです．

　次に上空の500hPa天気図の特徴を見てみます．北極を中心にほぼ同心円状に等高度線が見られます．この等高度線はきれいな円ではなく，北極付近からアメリカ東岸付近とシベリア東部から日本付近へと二つの方向に伸びています．この北極付近から低緯度側にのびている部分が気圧の谷です．この深い気圧の谷はヒマラヤやロッキー山脈という大規模な地形の影響によってできているものです．さらにウラル付近にもやや小さいですが谷がのびてい

ます．また冬の500hPa天気図の特徴として北米東岸や日本付近など等高度線の混んでいるところが見えます．等高度線の混んでいるところは偏西風の強いところで，いわゆるジェット気流の部分です．とくに極東域では，北緯30度付近を流れる亜熱帯ジェット気流とユーラシア大陸上の北緯50－60度帯を流れる寒帯前線ジェット気流が日本付近で合流しているのが特徴です．このような天気図が平年からどのような偏りをしているかによって，寒冬になったり暖冬になるなど大きく左右されます．次に寒冬になるときと暖冬になるときの500hPa天気図の特徴を見てみます．

　1990年代以降，日本の冬は暖冬が多く現われていますが，中でも2007年の冬は記録的な暖冬でした．この年の1月の500hPa天気図を図2.2に示します．この天気図には等高度線のほかに平年と比較して高度が高いか低いかを示す高度偏差線も描かれています（以下，このような天気図の見方は同じです）．この図の特徴は，先の図2.1の平年の状態に比べてアメリカ東岸とシベリア東部から日本付近へと伸びている谷が浅くなっていることです．また高度偏差図を見ると負偏差域は北極付近からシベリア西部にかけての高緯度に集中しています．つまり北極の寒気は北極付近に集中している状態です．その負偏差を取り囲むように中緯度側には正偏差域が広がっており，日本付近も北半球規模の正偏差の中に入っています．これは，後の項で出てきますが北極振動が正のパターンの特徴を示しています．この冬の日本付近は，北半球規模の大気の流れの中で平年に比べると暖かい空気に覆われていたということです．

　一方，2006年の冬は近年には珍しく寒さの厳しい冬となりました．特に12月の低温が顕著でした．このように寒い冬になるときの500hPa天気図のパターンはどのようなものでしょうか．図2.3に2005年12月の500hPa天気図を示します．図2.1の平年の状態に比べると分かりますが，シベリア北部とアラスカ付近では平年以上に気圧の尾根が発達し，前述の暖冬の年とは反対に極東域から太平洋北部にかけて大きな気圧の谷の深まりが見えます．それに伴い，極東域から太平洋北部にかけて強い負偏差域になっていることです．つまりこの地域には平年より冷たい空気が流れ込み，日本付近は平年に比べて冷たい空気に覆われていたということです．これは，強い寒気が持

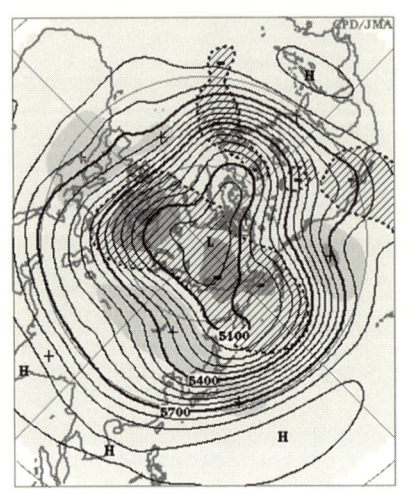 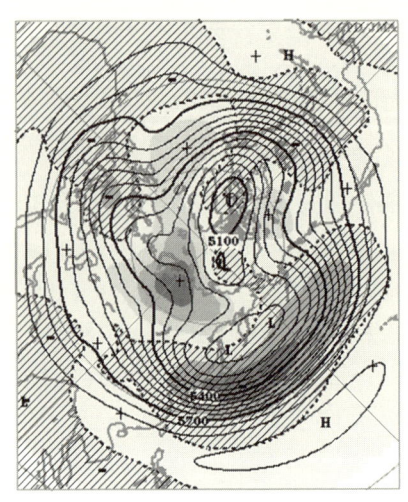

図2.2 2007年1月の500hPa天気図 　　　**図2.3** 2005年12月の500hPa天気図
　　　　（気象庁提供）　　　　　　　　　　　　　　　（気象庁提供）
　　　　暖冬パターンの天気図です．　　　　　　　　寒冬パターンの天気図です．
　　　　斜線域は負偏差です．　　　　　　　　　　　斜線域は負偏差です．

続的に日本付近に南下する時の典型的なパターンです．このように日本の寒冬や暖冬は，北半球規模の循環場と関係しています．

2.1.2 春

　南北に長い日本列島では，南の沖縄付近と北の北海道では季節の歩みが大きく違いますが，特に春と秋は地域による季節感の違いが大きくなる季節です．またこの時期は，低気圧や高気圧が数日の間隔で日本付近を通過して周期的な天気変化となるのが特徴です．日本付近の春の天気を支配するのは，冬のシベリア気団に代わって長江気団です．長江気団は中国の長江流域を起源とする高温で乾燥した大陸性熱帯気団で，春になって移動性高気圧として日本付近にやってきます．長期予報では3月から5月までの3か月を春として扱いますが，この時期は冬の季節風から夏の季節風への移行期に当たります．ここでは春の代表として平年の4月の天気図を見てみます．

　図2.4の左側が地上天気図，右側が500hPa天気図です．まず地上天気図

2. 長期予報を理解するための基礎知識

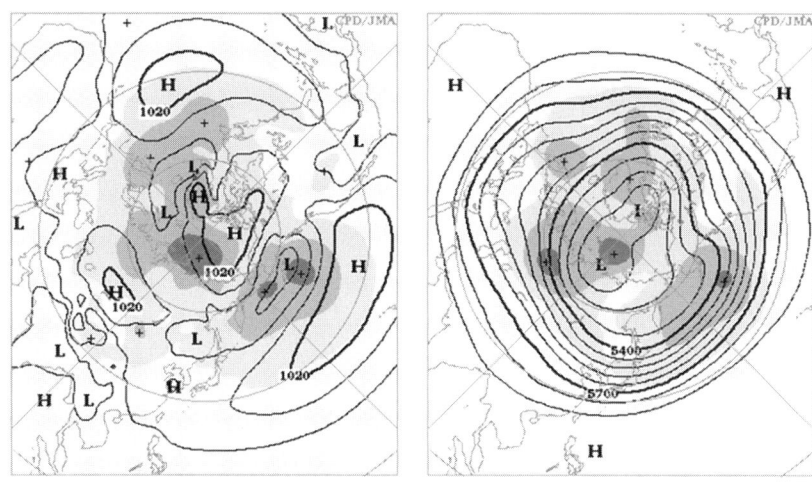

図2.4 平年の4月平均の地上天気図（左）と500hPa天気図（右）（気象庁提供）
地上天気図の等圧線の間隔は4hPaごと，500hPa天気図での等高度線の間隔は60m
ごととなっています．陰影は気圧（左）や高度（右）の標準偏差分布です．
Hは高気圧，Lは低気圧です．

を見ますと，アリューシャン付近には弱いながら冬の名残りともいえる低気圧があって，ここからサハリン及び沿海州付近へと低圧部が伸びています．一方，冬の天候を支配していたシベリア大陸の高気圧は，4月の前半までは残っていますが，月平均天気図上では見えません．この季節は，北から下りてくる寒気と南からの暖気が日本付近でぶつかり合うことで，低気圧が発達しながら通過することが多くなります．春一番やメイストームなどとよばれる大荒れをもたらす低気圧がしばしば現れるのもこの時期です．発達した低気圧が日本海を通過しますと，それに吹き込む南風によって北陸や山陰地方などの日本海側ではフェーン現象が発生します．乾燥した強風により大火などの大きな災害をもたらす場合があるので注意が必要です．また移動性高気圧の通過に際しては，夜間の放射冷却により強い冷え込みとなり，やがて芽が出る頃のお茶や馬鈴薯などの農作物に遅霜の被害が発生することがあります．特にこの時期の季節の歩みは決して一様ではありません．ある時は過ぎたはずの冬の天候が現れ，またある時期には夏を先取りした季節外れの陽気をもたらすという形で進んでいきます．

上空の 500hPa の天気図を見てみますと，冬の天気図で見られた日本付近とアメリカ東岸付近へのびていた深い気圧の谷ははっきりしなくなっています．ベーリング海峡付近とカナダ北部およびシベリア北部にわずかなふくらみはあるものの，高緯度方面もかなり同心円状になっています．また，等高度線の間隔は広くなっています．冬の間，はるか低緯度へ南下していた亜熱帯ジェット気流は次第に北上し，ジェット気流の中心は西日本付近にあります．冬の間，沖縄付近まで南下していた 5700m の等高度線は，4月には鹿児島のすぐ南まで北上しています．北半球の大気が次第に温まってきていることを示しています．冬に比べて低緯度側と北極方面との温度差が小さくなっていますので，上空の偏西風も弱くなっています．

2.1.3　梅雨

　日本の季節区分としては春・夏・秋・冬の4つとするのが一般的ですが，実際の天候の移り変わりという観点では，夏の前半のひと月半ほどの特徴的な曇りや雨の日が多い時期を，梅雨という季節として加えた方が，この時期の季節変化を適切に表現できそうです．つまり6月はじめから7月下旬にかけての，ひと月半ほどの期間（沖縄地方ではこれよりもひと月近く早くなります）の曇りや雨の日が多い期間が梅雨という季節です．長期予報では6月から8月までの3か月を夏として扱いますが，その夏の期間の前半は梅雨という雨季であるということになります．

　梅雨の現象は，日本付近の天候が冬の季節風から夏の季節風の支配へと移り変わる時期に，地球規模の季節変化の中では，アジアモンスーンの季節変化の一環として現れ，日本付近から朝鮮半島およびユーラシア大陸東岸にかけての東アジアの広い地域で見られる雨の季節です．この頃の気象衛星の雲画像を見ると，東南アジアから中国東岸を経て日本付近まで大きな雲の帯が伸びているのが見えます．しかしながら，雨の季節だからといって毎日曇りや雨の日が続いているわけではありません．他の季節に比べて曇りや雨の天気が比較的多くなっているということに過ぎません．また気象庁では毎年，梅雨入りや梅雨明けの日を特定して発表していますが，決してある1日を境

に明瞭に梅雨入りとなり，あるいは梅雨明けとなるわけではありません．あくまでも季節の変わり目ですので，梅雨入りの時期が明瞭な年もあれば，いつの間にか梅雨の季節に入っているというように明瞭でない年もあります．晴れの日や曇・雨天の日を交互にくり返しながら数日の遷移期間を経て移っていくのが普通です．したがって気象庁が発表する情報の中でも"何日ころ"という表現をしています．梅雨の季節になると，気象庁から梅雨入りや梅雨明けについての発表をしていますが，これはとくに季節が移ったということを発表しているわけではありません．梅雨入りというのは，"そろそろ大雨による災害等の注意が必要な時期ですよ"，あるいは梅雨明けは"これからは盛夏期に向かいます．暑さなどに注意しましょう"というような，天候の推移のお知らせだけでなく，災害等への注意の喚起としての情報です．ときどき，報道などで「気象庁が梅雨入り宣言をした」などと表現されますが，そのような宣言という性格の発表ではありません．

　平均的な季節変化で見ると，5月の10日前後にまず沖縄がもっとも早く梅雨入りします．つづいて九州南部が6月はじめに，西日本から東日本にかけては6月上旬の後半に梅雨入りし，最後に東北地方北部が沖縄より1月以上遅れて，6月中旬に梅雨の季節に入ります（図2.5左図）．なお暦の上の「入梅」というのは太陽が黄経80度（黄経0度が春分点）を通る日付のことで6月11日または12日にあたりますので，本州付近の実際の梅雨入りの時期と大まかには合っているといえます．なお，北海道には梅雨はないといわれていますが，北海道でもこの時期に曇りや雨の日が続くことがあり，このような状況を"えぞ梅雨"とよぶ場合もあります．梅雨が明けるのは沖縄が6月の下旬のはじめで，次第に北に移り，最後に東北北部が7月下旬の後半に明けて，ようやく全国的に盛夏の季節となります（図2.5右図）．

　梅雨の頃の日本付近の気圧配置といえば，なんといっても梅雨前線とオホーツク海高気圧です．日本の南には太平洋高気圧があり，北の方にはブロッキング高気圧であるオホーツク海高気圧が停滞しています．この2つの高気圧の間に梅雨前線が横たわっているというのが代表的な梅雨の時期の気圧配置です．その梅雨前線の上を低気圧が次々と通過していき，各地に大雨を降らせます（図2.6）．西日本や東日本の梅雨の期間の降水量は，年降水量の

図2.5 平年の梅雨入り・梅雨明けの時期
左図は梅雨入り，右図は梅雨明け．

1/3あるいは1/4にも相当しますが，年によっては梅雨の季節となってもこのような気圧配置が現れずに，降水量の少ない空梅雨となることもあります．梅雨明けの頃の気圧配置の推移としては，南の太平洋高気圧が次第に強まり，日本付近に停滞していた梅雨前線を北の方に押し上げて梅雨が明けるという形が一般的に知られているところです．しかしながら，いつもこのような典型的な経過をたどるわけではありません．年によっては梅雨前線がいつのまにか消滅して梅雨明けとなることもありますし，あるいは北のオホーツク海高気圧の方が強くなって梅雨前線を南に押し下げて梅雨が明け，この高気圧が変質して夏の高気圧になるということなどもあります．なお，後者のような北の高気圧が強くなり，梅雨前線が南下して梅雨明けとなるような夏は，その後も不順な天候が現れやすく，冷夏となる恐れがあります．

　本格的な梅雨の季節に入る前に数日程度，曇りや雨の日が続くことがありますが，そのような時期を梅雨の走りあるいは走り梅雨といいます．また梅雨明け後に太平洋高気圧が弱まって，梅雨前線が再び日本付近に停滞して，ぐずつき模様の天候となることもあります．そのようなときは戻り梅雨あるいは梅雨の戻りなどとよんでいます．なお，梅雨の入り・明けの遅早，あるいは梅雨期間の長短は，しばしば冷夏や暑夏など夏の天候と深く関係します．たとえば，空梅雨になると盛夏期には干ばつの恐れがありますし，梅雨明けの時期が遅れると日照不足や冷夏をもたらすことになります．

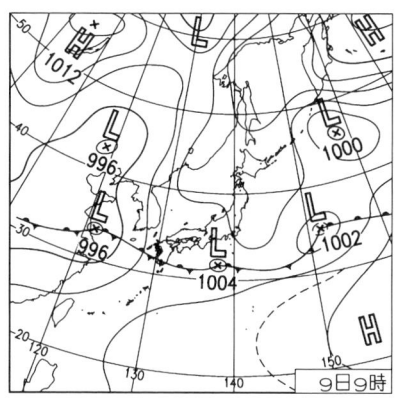

図2.6 代表的な梅雨期の気圧配置の例

2.1.4 盛夏

　梅雨明け後に盛夏の訪れとなりますが，前にも述べているように長期予報で扱う夏の期間というのは6～8月の3か月間をいいます．したがって梅雨の期間も含めて6～8月の3か月平均気温が平年より低ければ冷夏であり，高ければ暑夏ということです．この夏の天候が平年に比べて大きく偏ると，農業をはじめエネルギー需要など社会や経済活動に大きな影響を与えることから，長期予報では夏の予報は最も重要な予報のひとつです．とくに梅雨明け後の盛夏の天候は最も関心の高いところです．

　図2.7は平年の8月（盛夏期）の月平均天気図です．地上天気図を見ると，北太平洋北東部に中心を持つ太平洋高気圧（北太平洋高気圧）があり，大陸には低気圧があります．冬の西高東低の気圧配置とはちょうど逆のパターンです．この気圧配置が日本列島に太平洋からの暖湿気流をもたらし，蒸し暑い日本の夏特有の気候を作っています．なお，太平洋高気圧の西部で日本付近に張り出している部分は小笠原高気圧ともよばれます．

　500hPa天気図を見ると，等高度線の間隔は春よりもさらに広がっています．高緯度側と低緯度側の高度差は小さくなり，上空の偏西風は非常に弱くなっています．冬に見られたような極東方向とアメリカ大陸東岸への気圧の谷は見られません．冬から春にかけて九州付近まで南下していた5700mの等高

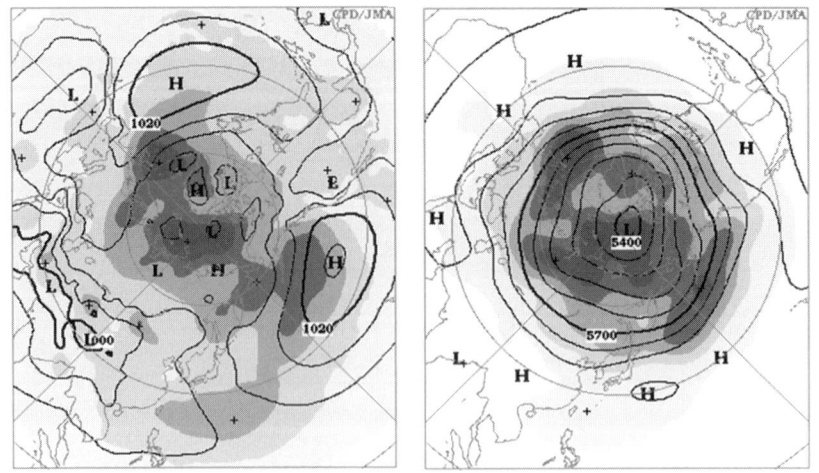

図2.7 平年の8月平均の地上天気図（左）と500hPa天気図（右）（気象庁提供）
地上天気図の等圧線の間隔は4hPaごと，500hPa天気図での等高度線の間隔は60m
ごととなっています．陰影は気圧（左）や高度（右）の標準偏差分布です．
Hは高気圧，Lは低気圧です．

度線はサハリンの北部まで北上しています．亜熱帯ジェット気流はさらに北上し，7月には東北地方，8月には北海道の北まで北上しています．夏には亜熱帯ジェット気流と寒帯前線ジェット気流の日本付近での合流はなく，日本付近でのジェット気流の強まりは見られません．北半球全体で見ると，亜熱帯高気圧が発達しており，日本の南海上には5880mの等高度線で囲まれた亜熱帯高気圧のセルも見られます．この高気圧は地上の小笠原高気圧に対応しており，このように地上天気図でも500hPa天気図でも高気圧であることは小笠原高気圧が背の高い高気圧で上空まで温暖な気団で覆われていることを反映しています．

　典型的な梅雨明けから盛夏季への変化としては，日本の南の太平洋高気圧が次第に日本付近へと張り出し，梅雨前線を日本の北の方へ押し上げ，その後に日本全体が太平洋高気圧にすっぽりと覆われるという経過です．このような経過をたどりますと，梅雨明け後にはいわゆる"梅雨明け10日"といわれるような安定した夏空が続き，強い日差しが照りつける暑い夏が期待されます．ところが年によっては，太平洋高気圧がこのように日本付近に張り

出さないこともあります．そうなりますと梅雨前線はいつまでも日本付近に停滞し，ついには南に下がって梅雨明けということになります．このような経過をたどりますと，盛夏の季節であるにもかかわらず，南の太平洋高気圧はなかなか張り出してきません．日本付近には北の冷涼な空気が流れ込み，低温で日照も少ない冷夏となります．

2.1.5 秋

9月になっても真夏のような暑さの続く残暑の厳しい年もあれば，早々と秋本番の涼しさがやってくる年もあります．秋は昔から二百十日（立春から210日目の9月1日頃）や二百二十日など，1年の中ではもっとも台風に対する警戒が必要な時期でもあります．また，本州付近に停滞する秋雨前線と台風によりしばしば大雨による災害が発生します．秋の後半は，春と同様に低気圧や高気圧が交互に通過したり，移動性高気圧に覆われることが多くなります．大陸から動いてきた冷たい空気を伴う移動性高気圧に覆われて晴れ

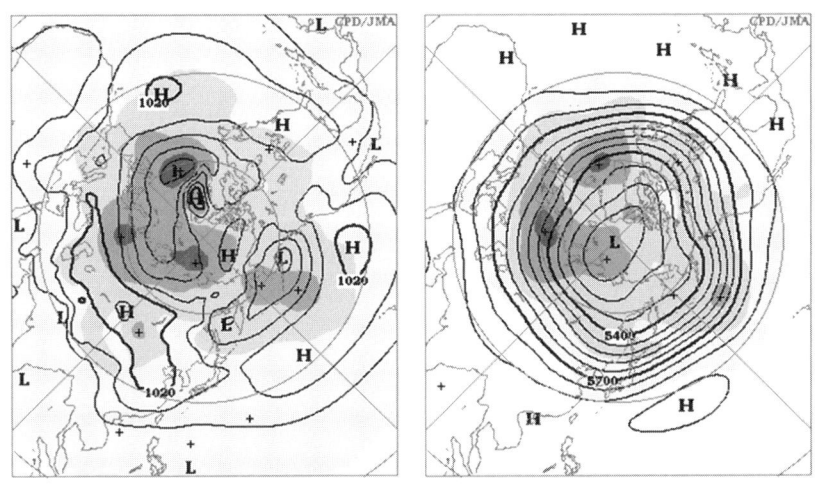

図2.8 平年の10月平均の地上天気図（左）と500hPa天気図（右）（気象庁提供）
地上天気図の等圧線の間隔は4hPaごと，500hPa天気図での等高度線の間隔は60mごととなっています．陰影は気圧（左）や高度（右）の標準偏差分布です．Hは高気圧，Lは低気圧です．

上がった夜には，放射冷却により山間地などでは早霜が発生し農作物に被害をもたらします．長期予報で秋は9月から11月までの3か月のことをいいますが，ここでは秋の代表として10月の天気図を見てみます．図2.8は平年の10月の月平均天気図です．左側が地上天気図，右側が500hPa天気図です．

　この時期，太陽は既に赤道を越えて南半球に移っています．北半球の高緯度地域では冷却が進み，地上天気図で見るようにシベリア付近には寒気が蓄積されつつあります．夏に日本付近の天候を支配していた太平洋高気圧は東海上に後退し，代って大陸には冷たい高気圧が見えています．日本付近では周期的な天気変化が卓越しています．

　500hPa天気図では，夏に比べると等高度線もかなり増えて，高緯度方面も等高度線が同心円状になっています．偏西風も強まってきていることが分かります．8月以降ジェット気流は次第に南下し，10月には東日本付近にジェット気流が位置するようになります．夏にはサハリン北部まで北上していた5700mの等高度線がこの時期には北陸から関東付近まで南下してきています．北極地方では冬の極渦が形成されつつあります．

2.2　日本付近の天候を支配する主な高気圧

　日本周辺の気圧配置は，季節によって特有なものですが，ここではその中で特に日本付近の天候を支配している高気圧についてまとめて見てみます．

2.2.1　シベリア高気圧

　シベリア高気圧は，日本付近の冬の代表的な気圧配置である西高東低をもたらす主役のひとつです．寒候期にバイカル湖のすぐ南西付近を中心にユーラシア大陸上で大きく発達する高気圧です．9月の後半から次第に形成されていき，11月から2月にかけて最盛期となり，3月から4月には姿を消していきます．この高気圧は，冬季にシベリア大陸における強い放射冷却によっ

てできた冷たく乾燥した空気が地表付近に集中することで形成されます．構造的には背の低い寒冷高気圧ですが，上空の気圧の谷や尾根の通過とも関係して変動しています．日本付近を中心に見ますと，東のアリューシャン低気圧とともに西高東低の気圧配置を作っています．天気図上では縦じま模様の等圧線が見られます．図 2.1 の 1 月の地上天気図において 1020hPa の等圧線をこの高気圧の勢力範囲として見ますと，シベリア高気圧はユーラシア大陸の大部分を覆い，西はカスピ海付近から東は東シベリアそして日本付近を経て中国南部まで大きく勢力を広げています．図 2.1 の標準偏差の分布をみると分かるように，年々の変動はあまり大きくありません．つまり毎年，冬になるとほぼ同じところに停滞し，同じような規模で発達しているということです．シベリア高気圧の勢力の強弱は日本付近の冬の天候を左右し，平年よりも発達すると強い季節風が吹く寒冬となり，平年よりも弱いと暖冬になります．

2.2.2 太平洋高気圧

太平洋高気圧は夏の代表的な気圧配置をもたらす主役です．厳密には北太平洋高気圧といいますが，北太平洋に存在するこの高気圧を単に「太平洋高気圧」と呼んでいます．太平洋高気圧はハドレー循環（図 3.4 参照）の下降域に発達する亜熱帯高気圧のひとつです．つまり太陽エネルギーを豊富にもらう赤道付近で発達する上昇気流が，上空の圏界面に抑えられて北方に向かい，亜熱帯地方に下降流となって形成される高気圧です．したがって，いわゆる背の高い温暖な安定した高気圧です．この高気圧は北太平洋東部の北緯 30～40 度付近に中心があり，7 月から 8 月にかけて最も勢力が強くなっています．なお，太平洋高気圧が西へ勢力を伸ばし，日本付近まで張り出している部分は，小笠原諸島に中心のある高気圧が日本付近を覆うように見えることから小笠原高気圧ともよばれます（図 2.7 参照）．

太平洋高気圧は対流圏上部からの下降流によってできていますので，本来湿度は高くないのですが，日本付近は太平洋高気圧の西の縁に位置しますので，高気圧の縁辺を回ってくる気流が海面から水蒸気の補給を受けて，暖か

く湿った空気を運び込み，蒸し暑い日本特有の夏の気候を形作っています．北太平洋高気圧の西端部が北西方向に強く張り出し，日本列島を広く覆う形になると全国的に暑い夏となり，北の方への張り出しが弱く西方に伸びるだけの場合は，南西諸島を除いて九州以北は冷夏傾向になります．この太平洋高気圧の西端部が北西方向（日本付近へ）に張り出すかどうかは，インドネシア近海の海水温と関係しています．つまりインドネシア近海の海水温が高いと対流活動が活発となり，その下降流域が加わって日本付近へ強く張り出し，海水温が低いと日本付近への張り出しは弱くなります．

なお，太平洋高気圧と同じように大西洋側にも北半球の亜熱帯高気圧の一部を形成する高気圧があります．北大西洋東部のアゾレス諸島付近に中心が位置することが多いことからアゾレス高気圧とよばれます．

2.2.3　チベット高気圧

チベット高気圧は北半球の夏季を中心に，アジア南部からアフリカにかけての対流圏上層に現れる高気圧です．とくに 100hPa 天気図（高度およそ 15～16km）で明瞭に見えます．その最盛期に，中心がチベット高原付近にあることからチベット高気圧とよばれています．この成因としてはチベット高原上の大気の加熱やインドモンスーンの対流活動による凝結熱などの影響があげられますが，チベット高原という大規模な山岳によって励起された偏西風の中の波長の長い波であるロスビー波がその地形に捕捉された定常波ともいわれています．図 2.9 に平年の 8 月の北半球 100hPa 天気図を示してあります．平年の盛夏期の状態としては，この高気圧はほぼ北緯 30 度付近に沿って東西に伸張しており，日本付近は西日本を中心に緩やかにチベット高気圧に覆われています．チベット高気圧の北縁を強い亜熱帯ジェット気流が流れており，南縁には偏東風ジェット気流が流れています．はじめに述べたようにチベット高気圧は 100hPa 天気図でよく見えるということからも，太平洋高気圧よりもさらに背の高い高気圧といえます．夏季にチベット高気圧が日本付近に強く張り出すかどうかは，日本の天候に大きく影響します．チベット高気圧が平年以上に強まり，日本の方に強く張り出してきますとそ

2. 長期予報を理解するための基礎知識

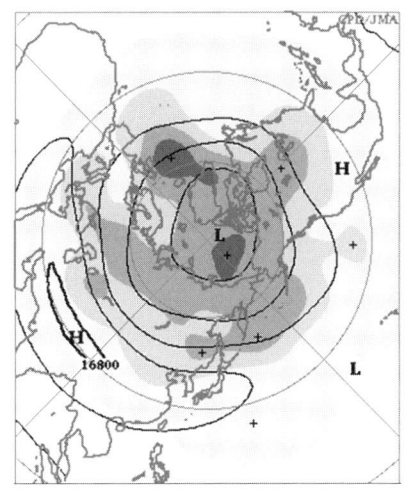

図2.9 平年の8月平均100hPa天気図（気象庁提供）
等値線は高度を表し，間隔は120m．陰影域は標準偏差を表す．
Hは高気圧，Lは低気圧です．

の下の太平洋高気圧の上に重なる形となり，高気圧はさらに安定して勢力が強くなります．その結果日本は暑い夏になります．一方，張り出しが弱いと冷夏になりやすいというところです．

2.2.4 オホーツク海高気圧

　暖候期に，主にオホーツク海付近に中心を持って現われる停滞性の高気圧です．この高気圧の圏内では海洋性寒帯気団であるオホーツク海気団が出来，そこから吹き出す北東風は北日本から東日本にかけての太平洋沿岸に低温・寡照をもたらし，冷害・凶作を発生させます．また海洋性寒帯気団であるオホーツク海高気圧は，海洋性熱帯気団の小笠原高気圧との間に梅雨前線や秋雨前線を発生させ，暖候期の日本の天候を支配する要因のひとつとなっています．

　オホーツク海高気圧の発生は，夏になって急速に暖まってくるユーラシア大陸と，夏でも冷たいオホーツク海の存在という地理的条件が背景にあるといわれており，さらにその発達には上空の偏西風帯の流れをせきとめるブ

ロッキング高気圧が深くかかわっています．オホーツク海高気圧の発達過程としては，初夏（5月頃）にアリューシャン列島方面から西進してくる高気圧性偏差によってブロッキング高気圧が形成される場合と，梅雨期後半（7月頃）によく見られるようなヨーロッパ方面からの定常ロスビー波束の伝播によるブロッキング高気圧の形成の二つのタイプがあるとも言われています．

　この高気圧は，梅雨の時期の6〜7月に発生頻度が最も高くなりますが，4月や10月にも表れることがあり，低温・曇天の天候をもたらします．この高気圧は停滞性が強く，2〜3週間もオホーツク海上に存在することがあり，その間東日本や北日本の太平洋沿岸に向かって低温の北東風が吹き続けます．またこの高気圧は年々変動も大きいのも特徴で，東日本や北日本の冷夏や猛暑の原因のひとつとなっています．オホーツク海高気圧が頻繁に発生する夏は1993年や2003年のような冷夏となり，その発生がほとんどない夏は1994年や2010年のような猛暑の夏となります．

2.3　平均天気図や偏差図の見方

　大気の運動には，雷や集中豪雨のような局所的で寿命の短い現象から，移動性の高気圧や低気圧のような総観規模の現象，さらには偏西風やブロッキング現象といった地球規模の現象まで，時間的にも空間的にもさまざまなスケールの現象が関わりあっています．その中で長期予報では，比較的時間・空間スケールの大きな現象を扱います．目的によって適当な時間平均や空間平均を行うことで，必要な大きさの現象をとりだすことができます．したがって大きなスケールの現象を扱う長期予報では，日々の天気図ではなく，1週間や1か月といったある期間の平均天気図を扱います．さらに長期予報は，天候や気温とか降水量などが平年と比較してどのような違いがあるかを予報しますので，天気図としても平年と比較した偏差図が用いられます．

　また長期予報で使用する天気図は，毎日のテレビ等の天気予報で見ているような日本付近だけの天気図ではなく，広くアジア太平洋域あるいは北半球

2. 長期予報を理解するための基礎知識

全体の天気図が中心です．そのほかに熱帯など低緯度の循環場の状況を把握することができる天気図，境界条件としての海面水温分布図，あるいは対流活動などを把握するための様々な資料が使われています．

特に長期予報では，大気の循環場の状況を把握するためや予報の基礎資料として，500hPa天気図を主に用います．それは500hPa面の高度が対流圏のほぼ中間にあたり，大気全体の流れを代表していると見なされることや，また500hPaの高度場と地上付近の気温やその他の天候との相関が高いことなどによります．ここでは主として500hPaの高度場・高度偏差場と天候との関係について見ていきます．

2.3.1 平均天気図

毎日の天気予報においては，興味の対象は日々のきめ細かな天気変化であり，ある日ある時刻のあるポイントの天気の予報が求められます．したがって毎日の天気予報に使われる天気図は，たとえば「10月1日午前9時の天気図」のように，ある日ある時刻の天気や風，気温，気圧などの気象要素の状態を表しており，その時刻の高気圧や低気圧あるいは前線の動きなどが着目されます．ところが長期予報では，特定の地点やある日の天気ではなく，空間的にはひとつの地域平均（たとえば北海道平均あるいは東北地方平均など）の状態を，時間的には1週間や1か月間あるいは3か月間の平均値が予報の対象としているのが大きな特徴です．

1か月先や3か月先という長期予報で予報の対象としている期間内には，いくつかの高気圧や低気圧が通過し，あるいは前線などの影響を受けます．しかしながら後に述べますように，そのような長い先までの個々の高気圧や低気圧の発生や伝播などを日単位で予測することは不可能なことです．ところが，そのような個々の高気圧や低気圧あるいは前線の振る舞いは，地球規模の偏西風の流れ方など大規模な循環場に支配されていることが理解されています．また，また実際の気象の変化は高気圧や低気圧などのようなスケールの現象と偏西風の流れのような大規模なスケールが，複合的に重畳して表れていますので，何らかの手段で大規模な流れの場を予測することができれ

ば，その環境のもとに共存している高気圧や低気圧などの振る舞いを知ることができます．さらに大規模な現象ほどその変化は緩慢で持続性が高い（寿命が相対的に長い）ことが分かっており，1週間平均とか1か月平均などのように，ある期間平均の循環場の予測を行うことは可能なことなのです．

　高気圧や低気圧と偏西風帯のジェット気流の変動やブロッキング現象などの大規模な現象は，それぞれ時間・空間スケールが異なります．したがって，適切な期間の平均をとりますと，個々の高気圧や低気圧の通過に伴う天気変化のような短い周期の成分は打ち消しあいますので，大規模場の状態を知ることができるのです．このような平均操作により得られるのが1か月予報や3か月予報等に用いられる「平均図／平均天気図」です．長期予報の分野では，高気圧や低気圧などを短周期変動あるいは高周波変動とよび，大規模場の現象を長周期変動あるいは低周波変動とよんでいます．

2.3.2　偏差図の見方

　長期予報では，予報期間の天候が平年値と比較してどの程度の偏りになるかを予報します．そこで予測資料としても平年との差である「偏差値」あるいは「偏差図」が用いられます．長期予報では循環場の状況を把握することや予報の基礎資料として，主に500hPa高度場を用います．それは，500hPaの高度が対流圏のほぼ中間の高度にあたり，大気全体の流れを代表していると見なされることや，500hPaの高度偏差と地上気温の偏差との相関が高いことなどによります．500hPa高度偏差図と地上気温との関係を見ますと，一般に500hPaの高度場が平年より高い地域（正偏差域）は地上気温が平年よりも高い地域に対応し，逆に高度場の負偏差域は地上の気温が低い地域に対応しています．したがって500hPa高度場の解析にあたっては，実際の高度場の特徴に注目することはもちろんですが，偏差図の特徴にも注目する必要があります．週平均や月平均といったある期間の平均気温の平年偏差は，それぞれ対応する期間の平均500hPa高度偏差場と非常に良い対応があります．天候と偏差図との対応を，記録的な冷夏であった1993年の7月と，それとは全く対照的に猛暑の夏となった翌1994年の8月の500hPa天気図で

冷夏年　　　　　　　　　　暑夏年

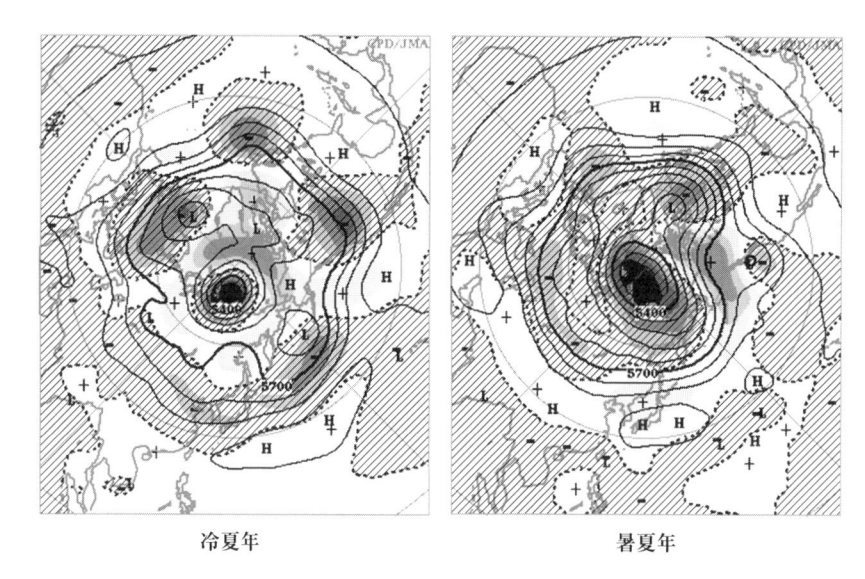

図2.10 代表的な暑夏と冷夏の500hPa天気図（気象庁提供）
左図は冷夏（1993年7月），右図は暑夏（1994年8月）です．
Hは高気圧，Lは低気圧，斜線域は負偏差です．

比較してみます（図2.10）．両年はともに農業関係を始めとして社会の各方面に大きな影響を与えた夏でした．

図2.10の左の図は，1993年7月（冷夏年）の月平均500hPa天気図です．盛夏をもたらす5880mの等高度線は平年に比べて日本のはるか南にあります．ジェット気流の流れは沿海州付近で分流し，南側の流れは日本の南岸を通っています．このジェット気流の北側には極の冷たい空気塊があるわけですので，この流れに沿って寒気が南下し，沿海州から日本付近にかけては強い負偏差域となっています．つまり日本全体が冷たい空気に覆われている様子がうかがえます．図2.10の右図は1994年8月（暑夏年）の月平均500hPa天気図です．盛夏をもたらす5880mの等高度線はすっぽりと日本付近を覆っています．ジェット気流は日本付近で大きく北上しています．つまり，日本全体に南の暖かい空気が入っていることを示しています．

500hPa高度場の偏差図と地上の天候との関係を見ると，上述のように高度偏差図の正偏差域と地上の高温域が，高度場の負偏差域と地上の低温域が

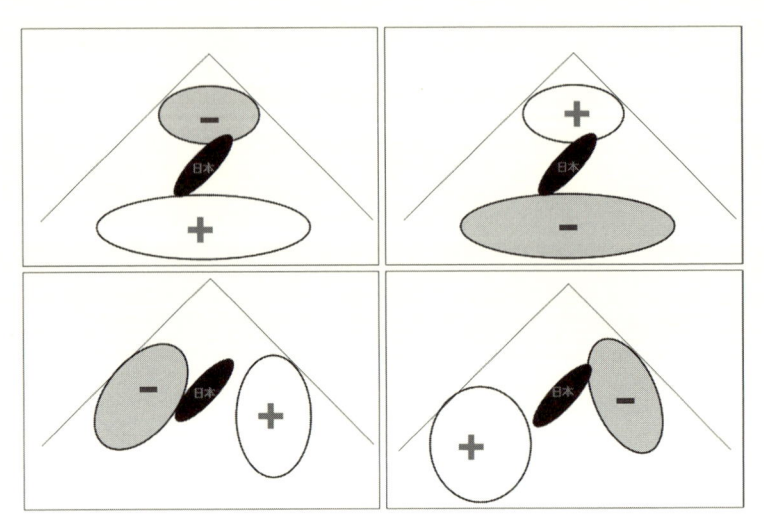

図2.11 日本列島を中心とした代表的な偏差分布

対応しています．さらに日本の天候を考える上においては，日本付近でどのような偏差分布になっているかも重要です．図2.11に，日本列島を中心とした代表的な偏差分布を模式的に示してあります．①まず左上の図は，日本列島を挟んで北に負偏差があり南に正偏差という分布になっています．このような偏差分布のときは，偏差流としては南から北への流れとなり，列島全般に平年に比べると暖かい空気が入ることになりますので，平年に比べて気温が高くなると判断されます．次に②右上の図は，日本列島の北に正偏差，南側に負偏差というように①と正反対の偏差分布です．偏差流としては北から南への流れとなり，平年に比べて気温は低くなります．③左下図は日本の西側に負偏差，東に正偏差となっているいわゆる西谷型です．季節によっても異なりますが，平年以上に西谷分布がはっきりするということは，日本付近では低気圧の発達しやすいパターンということになります．ある期間を通してこのような場が続くということは，平年に比べても曇りや雨の日が多くなり，降水量も多くなると判断されます．④右下図は③とは逆に日本の西側で正偏差，東海上で負偏差となっています．いわゆる東谷といわれるパターンで，北日本を中心に寒気が流れ込みやすい偏差場です．またこのようなと

34

きは日本付近では低気圧の発達もあまりありませんので，晴れの日が続く晴れベースの天候となります．

　以上の状況はあくまでも大まかな天候の特徴です．偏差分布の微妙な違いによって様々な天候が現れます．さらに，同じ偏差分布であっても季節によって，現れる天候は大いに異なります．季節ごとの天気図の特徴については前節で見たとおりです．

2.4　長期予報の表現について

　今日の長期予報は，気温・降水量・日照時間の3つの要素の確率表現が基本となっています．要するに科学的に予測可能なもの，あるいは定量的な評価が可能な要素を予報するという方向にあります．そのような方針により，文章による天候の記述ではなく，要素別予報を中心とした確率表現となっています．また数か月先の梅雨の入り・明けや台風の発生数や上陸数等については，明瞭な予報根拠がない限りは発表していません．なお，主に長期予報関連で使われる用語などについては付録にまとめてあります．

2.4.1　長期予報の確率表現

　長期予報では確率を用いた予報表現が基本となっています．気象現象や天候の予測には不確定性があり，この不確定性は予報期間が長くなるほど大きいと考えられます．長期予報では気温や降水量及び日照時間について，予想される状態が「低い（少ない）」のか，「平年並」なのか，「高い（多い）」のかの3階級に分けて予報し，それぞれの階級が出現する可能性を確率値として発表しています．後に詳しく述べますが，大気にはカオス的な性質があるため，長期予報で対象とするような1か月以上も先の気象現象や天候の予測を断定的に発表することは科学的ではありません．明日や明後日の天気予報では，断定的な予報表現を用いてもそれほど問題ではありませんが，長期予報で対象とする予報期間においては，予報の初期値に含まれている誤差が次

第に大きくなり，ついには無視できないほどの大きさになるからです．そこで誤差の大きさを表現するために確率を用いることが必要となります．今後，数値予報モデルや予報技術の改善により予報精度の向上が見込まれますが，その場合でも確率を用いた予報表現が不可欠です．

「確率予報」という言葉は毎日の天気予報の中で「降水確率」としておなじみとなっていますが，長期予報での確率も考え方は同じです．ただ降水確率は，雨が降るか降らないかのうちの「降る確率」だけを表示していますが，長期予報の確率では，3つの階級のすべてについて出現が予想される確率を表していますので，若干分りにくい感じがするかもしれません．予報の利用者はその確率の大きさを見ながら，その本質を理解して上手に利活用を図っていくことになります．

2.4.2 階級区分

長期予報で表現している「低い（少ない）」・「平年並」・「高い（多い）」の3階級は，どのように区分しているかと言いますと，平年値を作成する期間である1981年から2010年の30年間のデータをもとに次のようにして決められます．図2.12に示すように，たとえば月平均気温の階級を決めるにあたっては，この30年間の月平均気温データを低い方から高い方へと順に並べます．次にその30個のデータ系列を低い方から順に10個ずつの3つの

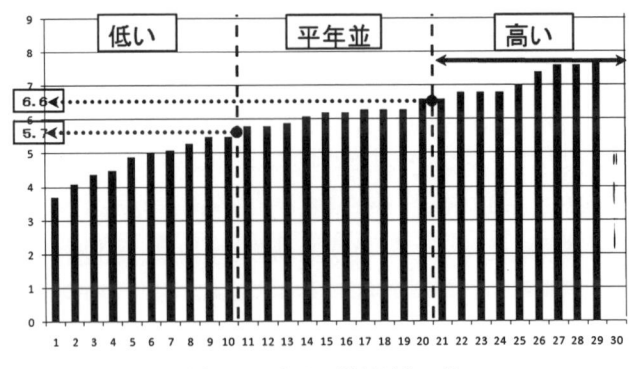

図2.12 気温の階級区分の例

グループに区分します．こうして3等分したグループの中の低い方のグループ（第1位から10位まで）の範囲を「低い」階級とします．また高い方のグループ（高い方から10位まで）の範囲を「高い」階級とし，真ん中のグループである11位から20位の範囲が「平年並」の階級となります．なお，「低い（少ない）」と「平年並」の境界値は，低い方から10位の値と11位の値の平均値として求め，その境界値は「低い」階級に含めることにしています．また，「平年並」と「高い（多い）」の境界値は，同様して20位の値と21位の値の平均値となり，その境界値は「平年並」に含めるようにしています．

このような方法で区分しますので，たとえば「平年並」というのは，平年値そのものではなく平年値を含むある幅で定義されているものです．普通の気候状態としては，各階級の出現確率はみな同じで33％ずつとなります．すなわち「低い（少ない），平年並，高い（多い）」の出現確率はいずれも「33％，33％，33％」となるわけです．

なお，気温や降水量の各階級の幅は，地域によってまた季節によって違いますので，発表される1か月予報や3か月予報には発表のつど，参考資料として平年並の範囲を示すデータが予報文とともに示されます．

2.4.3 平年値

長期予報は平年に比べて気温が高いか低いか，あるいは降水量が多いか少ないかを予報しています．そのような基準として過去のある期間の平均を求めて「平年値」としています．その平年値を算出する期間としてはどの程度の長さが妥当なのか，絶対的な基準はありませんが，気象庁では世界共通（世界気象機関での取り決めている）の基準としての過去30年間の平均値を平年値としています．30年とした根拠はあまりはっきりしません．一人の人間が社会に出て活動する期間がほぼ30年程度であることを考慮したものともいわれます．年々の細かく変動する部分を取り除くということでは，平均する年数は長い方がいいかもしれませんが，たとえば数10年あるいは100年程度と長い期間の平均にしますと，近年のように地球の温暖化が進んでいる中では，気候値という基準としては適切でないかもしれません．そうかと

いって，過去数年程度の平均としますと，直近の状況だけを反映するわけで，これも気候値としての基準には相応しくありません．具体的には国連の専門機関のひとつであります世界気象機関（WMO）が，その技術規則の中で，「西暦年の1位が1の年から数えて連続する30年間について算出した累年平均値」と定義しているものです．そして，この平年値は10年に一度更新することになっています．つまり，直近の過去30年間の気候を平年の状態としています．

2011年には10年ぶりに平年値が更新されました．この平年値の統計期間は1981年から2010年までの30年間です．それまでの平年値（1971〜2000年の30年平均値）から1971年〜1980年の10年分の古いデータが除去され，新たに2001年から2010年という最近の10年間のデータが加わって計算されたものです．2011年から10年間はこの平年値が使われます．長期予報を利用するにあたって参考とするような要素の平年値を付録に掲載してあります．

コラム　ロスビー波/定常ロスビー波

　大気中にはいろいろな波動が存在しますが，そのなかで地球の自転の影響で生じ，西に進む波長の長い波動（波長が数千km以上）をロスビー波といいます．近代気象学に大きな貢献をしたC.G.ロスビー（1989-1957）が理論的に導き，実際の大気中でもその存在が確かめられたものです．特に波長が1万kmくらいのものをプラネタリー波（惑星波）とよんでいます．偏西風の中で西風による東進とロスビー波の持つ西進が打ち消しあって移動しないとき，定常ロスビー波となります．

3. 長期予報技術の背景となる知見

　長期予報で対象とする日本付近の天候は，偏西風の蛇行やジェット気流の位置が平年と比較してどのように異なっているかなど，大規模な大気の流れに左右されます．また同時にエルニーニョ／ラニーニャ現象のような熱帯域での海面水温の変動や対流活動などにも大きく支配されています．たとえば暖候期に，日本のはるか南のフィリピン付近において対流活動が活発になると，その領域の上昇流が上空で北進して下降流に転じ，太平洋高気圧を日本付近に強く張り出させて暑い夏をもたらしますし，一方それより西方のインド洋ベンガル湾付近の対流活動が活発になると，日本付近での梅雨前線の活動が活発になり大雨をもたらすという関係もあります．また冬季にインドネシア付近で対流活動が活発になると，日本付近で強い冬の季節風が吹き出すという関係などもあります．さらにエルニーニョ現象やラニーニャ現象という遠く離れた熱帯太平洋東部での海面水温の変動も日本の天候との関係が分かっています．このように日本の天候は，単に日本付近の大気の流れだけでなく，地球規模の大気の流れ，あるいは熱帯域の海面水温や対流活動などと深く関係しています．特にエルニーニョ現象に伴う海面水温分布の大きな偏りは，熱帯域における大気の熱源（対流活動による加熱）の偏りとなって，低緯度地方のみならずグローバルに中・高緯度の天候に直接あるいは間接に影響を及ぼしています．つまり熱源の偏りは，波動として中・高緯度地方まで伝播し，偏西風の流れに影響を与えるだけでなく，間接的に遠隔地の天候と関連しているテレコネクション（遠隔結合）として理解されています．このようなことから，日本付近の長期にわたる天候を予測するためには遠く離れた赤道付近の海水温の変動や対流活動の状況，あるいは広く世界の天候を注意深く監視する必要があります．

3.1 気候系と長期予報

季節という長い期間の天候を予報する長期予報にとっては，大気大循環や熱帯の海さらには気候変動についての理解が必要です．そのような地球上で起こるあらゆる大気現象あるいは海洋の変動などのエネルギーの源は太陽放射です．太陽からの放射エネルギーは地球の大気圏だけでなく，海洋や陸地あるいは雪氷や生物圏などとの間でやりとりされながら，最終的には地球放射（赤外放射）として宇宙空間に戻されていくことで，安定した地球のエネルギー収支が維持されています．地球の気候の変動に直接影響を及ぼしているのは大気ですが，上述のようなエネルギーの流れの過程の中で，大気や水の循環の変動には海洋・陸面・雪氷などの変動が深くかかわっていますので，これらの相互の関連を含めて一つのシステムとして捉え，この全体を気候システムあるいは気候系といいます（図3.1）．今では気象衛星による観測結果をはじめ，様々な気候系を監視する資料が充実してきたことで，天候と大気の循環場や境界条件などとの関係を物理的に解釈できるようになってきました．日本付近の天候と大気の循環場や熱帯の海面水温の変動などとの関係

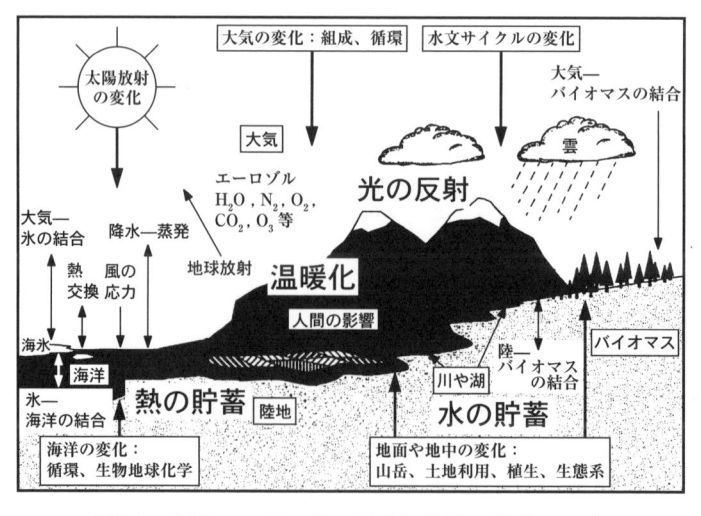

図3.1 気候システムの様々な要素（気象庁提供，2004）

3. 長期予報技術の背景となる知見

も，その物理的意味付けや解釈が進んだことで，アンサンブル予報の結果も有効に活用されるようになりました．このような気候系を注意深く監視することが，数か月先の天候の予測には重要なことといえます．

3.1.1 2010年夏の異常天候

最近はどの季節の天候を見ても，年々の変動幅が大きくなっているように思えます．温室効果ガスの増加がもたらす地球の温暖化が懸念されている折から，特に極端な高温の出現が目につきます．そのような中で，2010年の夏はまさに記録的に異常な夏となりました．日本列島全体が夏を通して途切れなく暑さが続き，全国を平均した夏の気温（6〜8月の平均気温）が，気象庁で統計を開始した1898年以降で最も高い値を記録したのです．図3.2は日本全国を北から南まで4つの地域に分け，それぞれの地域平均の夏の気温の経過を見たもので，平年偏差で示しています．6月以降途切れることなく平年以上の暑さが続いている様子がわかります．またこの夏の高温の特徴は，夏全体の平均気温の高さもさることながら，極端な高温が頻発したことがあげられます．1日の最高気温が25℃以上の日を夏日，30℃以上の日を真夏日，35℃を超える日を猛暑日として夏の暑さの程度を表す指標として

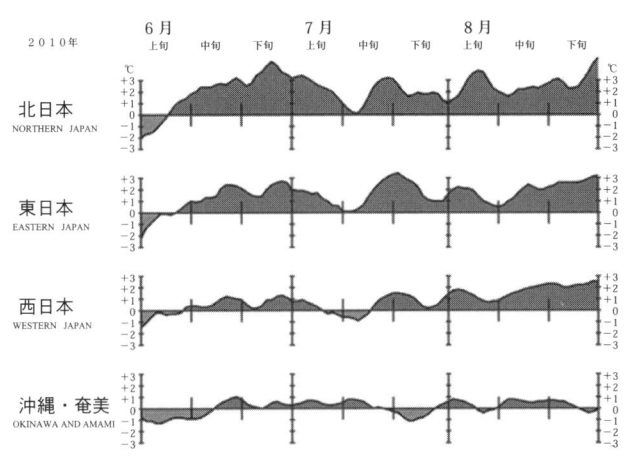

図3.2 2010年夏の地域平均気温の経過図（気象庁提供）

いますが，2010年の夏はその中の猛暑日が全国各地で頻発しました．日常生活の中では真夏日程度の暑さでさえ厳しい暑さですので，35℃をこえる猛暑日が連日現れたということは，いかにこの夏の暑さが耐え難かったかということが分ります．このような猛烈な暑さをもたらした大気の流れの様子やその原因などが気になるところです．さらにこの夏の異常な天候は日本国内だけに限りませんでした．世界各地から異常な天候が伝えられました．ロシアのモスクワ周辺では平年ならば22℃程度の最高気温が36℃にも達するという，1000年以上経験したことのないというまさに異常な天候であったようです．そしてこの連日の猛暑・干ばつにより，ロシア西部では山火事が発生し，数週間にわたってスモッグに覆われました．このような猛暑・干ばつの地域がある一方では，中国南部やバングラディシュでは大雨洪水に見舞われ大きな被害が発生しています．

　このような社会・経済に大きな影響を与える異常気象が発生すると，気象庁では気候や気象の専門家で構成する異常気象分析検討会を開催して，異常気象の実態の把握やその要因分析などを行っています．そこでの分析は，地球規模の大気大循環や熱帯の海洋の変動と天候の関係などを，最新の科学的知見に基づいて行われますが，それは，まさに長期予報を行うにあたっての実況の把握やそのような実況をもたらした大気の循環場や熱帯域の対流活動などの解析作業そのものです．つまり日本の天候を理解し，その後の見通しを立てるためには，地球規模の大気の流れや遠く離れた熱帯の海で，どのような現象が発生しているかを把握する気候系の監視が極めて重要なことなのです．

3.1.2　異常天候のからくり

　2010年夏の日本の記録的な猛暑や世界的な異常気象についての検討の結果，その直接的な要因の一つとして，エルニーニョ/ラニーニャ現象の影響や近年の地球規模の温暖化の影響による北半球中緯度の対流圏の気温が高かったことがあげられています．またインド洋における対流活動が平年より活発になったことが原因で，日本付近の亜熱帯ジェット気流が平年と比べて

3. 長期予報技術の背景となる知見

北寄りに位置して，太平洋高気圧が日本付近に張り出したことや，上層のチベット高気圧が日本付近に強く張り出したことで本州付近には背の高い暖かい高気圧が形成されたことなども要因の一つとしてあげられています．さらに，平年ならば梅雨時に見られる冷涼なオホーツク海高気圧の影響を受けなかったことなどがあげられました．このほかには，南シナ海北部からフィリピン北東の対流活動が活発になったことが夏の後半になって日本付近で太平洋高気圧が強まったことの原因と考えられます．このように，異常気象をもたらした要因はとても複雑です．上述の関係を模式図として示したのが図3.3 です．

　日本付近の天候が，日本付近の大気の流れだけではなく，地球上のあらゆる気候系と関わっていることが分ります．このような最新の気象学の知見や観測成果を基にした地球規模の大気の流れの解析やその要因の分析は，まさに長期予報の思考過程というところです．以下には今日の長期予報技術の背景となる気象学的知見や観測の成果を見てみます．

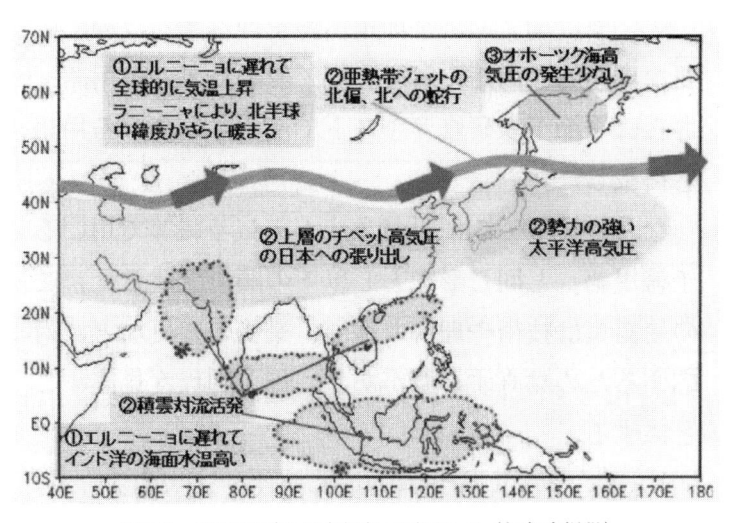

図3.3　2010年夏の異常気象の要因など（気象庁提供）

3.2　大気大循環と長期予報

　数か月先の天候を予報する長期予報の技術は，気候系の監視とともに大気大循環や気候変動の知識を基礎にしています．何よりも長期予報を行うには，まず大気大循環についての理解が必要です．大気大循環とは，地球をとりまく大気の大規模な循環運動のことです．全球規模の立体的な気象観測データを，1か月平均や3か月平均などのような適当な時間平均やさまざまなスケールで空間平均をすることで，大規模な循環運動の実態をとらえることができます．

　地球上の大気が受け取る太陽放射と地球大気から出ていく長波放射（地球放射）の収支は，緯度方向に均一ではありません．つまり低緯度地方では常に放射収支が過剰となって大気が加熱されますし，高緯度地方では逆に放射収支が不足となって冷却されています．地球をとりまく大気は，大規模の循環運動により常に熱のバランスを保とうとしています．その過程で，大気中では小さな現象としては雷雨や集中豪雨のような局所的で寿命の短い現象から，移動性の高気圧や低気圧のような総観規模の現象，さらには偏西風やブロッキング現象といった長期予報で対象とするような時間的にも空間的にも大きな規模の現象まで，さまざまなスケールの現象が見られます．つまり，地球上の大気の運動は，多重（多種）スケールの階層構造からなる複合現象です．

　大気大循環の基本的な形を見てみます．大気の循環ですので，その様子を分かりやすく表現するのは大気の運動，つまり大規模な風系です．図3.4に大気の循環の模様を三次元的に見るように，鉛直－緯度断面で示した平均子午面循環と帯状平均風分布図の模式図として示します．帯状平均風は風の東西成分を緯度円に沿って平均したものです．図中の等値線は帯状平均風の風速を表し，陰影部分は帯状平均風の東風の領域です（当然白抜きの部分は西風です）．これを見ますと，中緯度上空には強い偏西風のジェット気流があり，低緯度は下層から上空までの東風域となっています．子午面方向の大気や海洋の流れを子午面循環といいますが，図を見て分かるように子午面循環は南

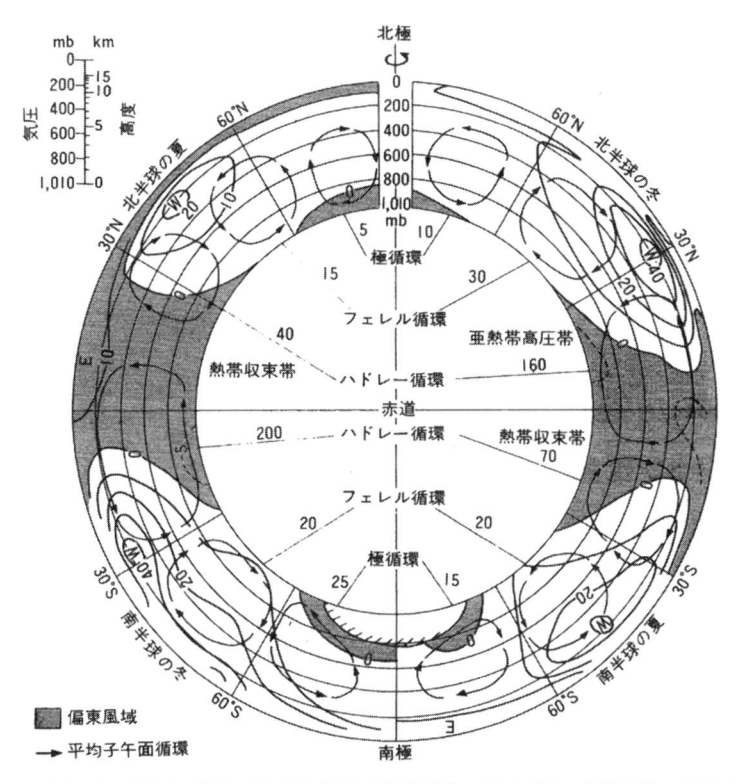

3. 長期予報技術の背景となる知見

図3.4 平均子午面循環と帯状平均風分布図（浅井冨雄・武田喬男・木村竜治，1981より）

北方向の水平の流れと鉛直流で構成されています．大気大循環を論じる際には，緯度円に沿って平均（帯状平均）した平均子午面循環として扱います．平均子午面循環には，温度の高い地域で上昇し，低い地域で下降する直接循環と，これとは逆に温度の低い地域（高緯度側）で上昇し，高いところ（低緯度側）で下降する間接循環があります．図3.4で見ますと，まず赤道付近の熱帯収束帯（ITCZ）で上昇し，それより高緯度側の亜熱帯高圧帯で下降する直接循環があります．これがハドレー循環です．その循環の北側を見ると，温度が低い高緯度側の北緯50〜60度付近で上昇し，それより南の北緯30度付近で下降する間接循環があります．これがフェレル循環です．そして極付近にも直接循環があります．このように平均子午面循環は三つの循

環細胞の構造となっています．

　冬と夏の循環場の特徴：大規模な循環場について，長い期間の平均図を作ると，各季節に特有のパターンが現れます．これは季節特有の定常波です．このようなパターンは，たとえばヒマラヤなどの山岳による力学的効果，あるいは熱帯の対流活動に伴う熱源の効果，あるいは大陸の地表面付近の加熱や冷却による熱源の分布によって強制された定常ロスビー波と考えられます．循環場の季節変化として，ここでは冬と夏の循環場の特徴を比較して見ます．図3.5に冬（12月〜2月の3か月平均）と夏（6月〜8月の3か月平均）の平年の循環場の様子を流線関数の平年値で示しています．ここには4つの図が示されていますが，左側は冬で右側は夏です．また上の段は上層の200hPa面（高度約12km），下の段は下層の850hPa面（高度約1.5km）を示しています．いずれの図も縦軸は南北方向で北緯60度から南緯60度までの範囲，また横軸は経度方向として，日本付近をほぼ中心において地球を一回りするような目盛りとなっています．北半球に着目してみますと，冬の

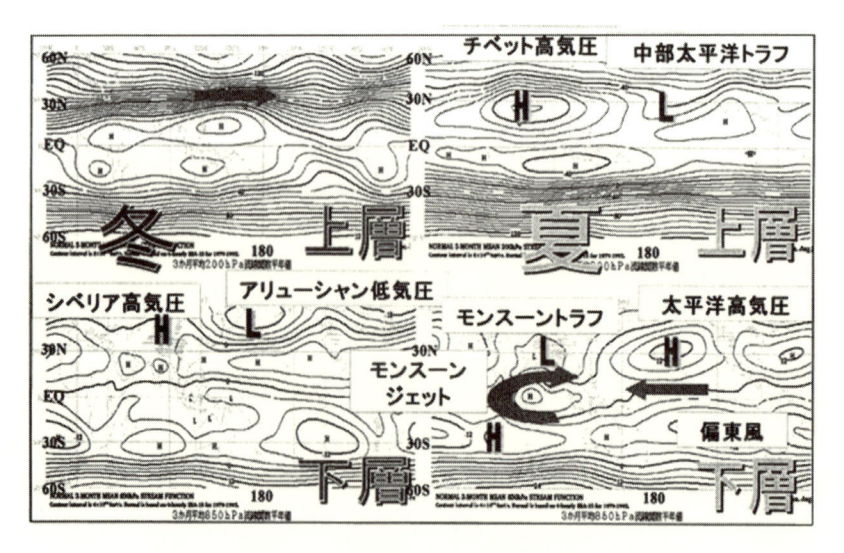

図3.5　平年の冬と夏の循環場の特徴（気象庁提供，2004）
　　　　左図は北半球の冬，右図は夏の循環場．上層は
　　　　200hPa，下層は850hPaの流線関数分布図．

200hPaでは中緯度を中心に帯状に強い西風いわゆる偏西風が見られます．この偏西風は日本付近では特に強くなっており，これがジェット気流です．このジェット気流の北側には低気圧性の循環，南側には高気圧性の循環という定常波が見られます．一方夏の上層では，ユーラシア大陸上に大きな高気圧がありますが，これがチベット高気圧です．その遥か東方の太平洋上には低圧部がありますが，これは中部太平洋トラフといわれるものです．このように夏の上層の循環場の特徴は大陸上に高気圧，海洋に低圧部という明瞭なコントラストがあるところです．下層を見ますと，冬は大陸上のシベリア高気圧，アリューシャン付近の低気圧が明瞭です．その南の北緯20度付近を中心に，亜熱帯高圧帯が見えます．一方夏になりますと，ユーラシア大陸上は低圧部にかわります．これがモンスーントラフといわれるものです．一方，太平洋には北緯30度付近を中心に太平洋高気圧が発達しています．この高気圧の西の縁あたりで日本付近に張り出している部分は小笠原高気圧ともいわれます．また夏の循環の特徴はインド洋の南半球側から北半球側に向かうモンスーンジェットが見えることで，これがソマリジェットといわれるもので，アジアモンスーンに伴う下層の風系と，アフリカ大陸の山岳の影響が加わって形成されたものです．アジアモンスーンの降水域への水蒸気輸送という重要な役割を担っています．

なお，以上のような冬や夏の季節を特徴付ける定常波の存在する原因としては，北半球の夏季の場合はモンスーンに伴う降水などが形成する熱源に対する大気の応答が支配的であり，冬期の場合は赤道付近を中心とした降水が形成する熱源に対する大気の応答のほかに，大規模山岳による力学的効果が重要であるといわれています．

3.2.1 循環場を表す各種指数

長期予報では北半球天気図など広い範囲の天気図を扱います．このような広範囲の天気図において，大気大循環の特徴を数値的に表現する方法として循環指数が作られています．また後で述べるように，長期予報はアンサンブル予報で大規模な循環場が予測されますが，天候を予報するには循環場と天

候の関係を把握しておく必要があります．そのような循環場の特徴をあらわす指数が循環指数で，主に500hPa高度面における特定地点の高度やある領域の高度，あるいは特定の緯度間の高度差などで定義されています．循環指数はもともとデータや計算機資源などが乏しかった時代に，天気図の特徴を把握する手段として簡単に算出できることや，数字一つで循環場の特徴の一断面を表現できることから使われていましたが，今日でも循環場の状況を簡便に数値で表現する方法として比較的便利に利用されています．現在は500hPa高度面ばかりでなく，850hPaや200hPa面，あるいは熱帯の循環場を把握するために熱帯の海面水温や雲量などを基にした指数もできています．また近年，エルニーニョ現象や熱帯の対流活動の中・高緯度大気への影響についての理解が進んだことから，熱帯の海水温や対流活動あるいはモンスーン活動の指標として様々な指数が算出されています．簡便に表現できるとはいいましても，ひとつの数字だけで複雑な大気の状態すべてを表せるわけでありませんので，さまざまな指数を組み合わせながら循環場や偏西風の流れの様子を把握する手段として利用されています．表3.1には気象庁で定義して，長期予報の作業や気候系の監視などによく使われている循環指数の名称や定義，その指数の概要を掲載します．以下にはその中で特に長期予報資料としても頻繁に出てくる東西指数，極渦指数，東方海上高度指数，沖縄高度，オホーツク高指数などについて簡単に説明します．

　東西指数：長期予報で良く使われる指数で偏西風の蛇行の大きさを見る指標となります．帯状指数とかゾーナルインデックスとも呼ばれます．通常，東西指数は緯度40度帯の平均高度の平年差と60度帯の平均高度の平年差の差として求め，それを北緯50度の東西指数としています．計算の対象領域としては，北半球全体としての指数や極東域（90E〜170E）などのように地域を限って計算される場合もあります．「極東域東西指数」は日本付近への寒気の南下を見る指標となり，また天候との対応がよいということから，長期予報を考える上ではこの指数がよく用いられてきました．東西指数の平年偏差が正の時を高指数，負の時を低指数といいます．図3.6に示しますように，高指数のときは，偏西風が東西流型の流れであり，偏西風の蛇行は小さく東西の流れが卓越しています．高気圧や低気圧の動きは速く，天気は周

3. 長期予報技術の背景となる知見

表3.1 各種循環指数（気象庁）

	名称	定義	概要
中・高緯度（特に記述がない場合は500hPa高度）	北半球極渦指数 (NHPV)	70°Nと80°N, 0°E～20°Wの高度偏差の和	極付近の寒気の強さの指標となる循環指数で、マイナスが寒気蓄積、プラスが寒気放出期を表す．
	極東極渦指数 (FEPV)	70°Nと80°N, 90°E～170°Wの高度偏差の和	極東域で計算した極渦指数．
	北半球東西指数 (NHZI)	(40°Nの0°E～20°Wの高度偏差) − (60°Nの0°E～20°Wの高度偏差)	偏西風の蛇行の程度をみる循環指数で，負は蛇行が大きく，正は蛇行が小さいことを表す．
	極東東西指数 (FEZI)	(40°Nの90°E～170°Eの高度偏差) − (60°Nの90°E～170°Eの高度偏差)	極東域で計算した東西指数．単に東西指数と呼ぶことがある．
	オホーツク海高気圧指数 (OKHOTOK)	50°N～60°N, 130°E～150°Eの高度偏差の和	オホーツク海付近の高度を表わし，暖候期に正の場合，オホーツク海高気圧が出現しやすい．
	中緯度高度 (MIDH)	30°N～40°N, 90°E～170°Eの高度偏差の和	負の場合は中緯度に寒気が南下し，中緯度帯の高度が低いことを表す．極東中緯度高度とも呼ぶ．
	沖縄高度 (OKINAW)	30°N, 120°E～140°Eの高度偏差の和	負の場合は南海上に寒気が南下しやすく，南海上の高度が低いことを表す．
	小笠原高度 (OGASH)	20°N～30°N, 130°E～170°Eの高度偏差の和	亜熱帯高気圧の強さをみる循環指数．正の場合は北西太平洋の亜熱帯高気圧の強まりを表す．
	極東亜熱帯指数 (WPAH)	(20°N, 90°E～170°Eの高度偏差) − (30°N, 90°E～170°Eの高度偏差)	太平洋高気圧の軸が北偏しているか，南偏しているかの指標．
	極東60度西側高度 (60NFEW)	60°N, 90°E～130°Eの高度偏差の和	日本付近の偏西風の蛇行と寒候期における大陸の高気圧の発達の指標．
	東方海上高度 (ESEA)	40°N, 140°E～170°Eの高度偏差の和	日本の東海上の高度．マイナスは東海上に寒気が南下しやすい．
	40度西谷指数 (WTR40)	40°N, (100°E～130°Eの高度偏差) − (140°E～170°Eの高度偏差)	気圧の谷の位置が日本より東にあるか，西にあるかの指標．負（正）の場合は西（東）谷傾向が強い．
	30度西谷指数 (WTR30)	30°N, (100°E～130°Eの高度偏差) − (140°E～170°Eの高度偏差)	北緯30度で計算した西谷指数．通常は40度西谷指数を用いる．
	第1主成分 (EOF1)	北半球500hPa高度の第1主成分	多くの種類のデータを直交する主成分に要約する統計的手法．気候情報課では季節毎に求めている．
	第2主成分 (EOF2)	北半球500hPa高度の第2主成分	上記と同じ手法により得られる第2主成分．
対流圏層厚換算温度	全球 (TCT9_9)	300hPa − 850hPaの層厚高換算温度の90°N～90°S帯状平均偏差	全球の平均的な大気温度を表わす．
	北半球 (TCT9_0)	300hPa − 850hPaの層厚高換算温度の90°N～EQ帯状平均偏差	北半球全体の平均的な大気温度を表わす．
	北半球高緯度 (TCT8_6)	300hPa − 850hPaの層厚高換算温度の80°N～60°N帯状平均偏差	北半球高緯度の平均的な大気温度を表わす．
	北半球高緯度 (TCT5_3)	300hPa − 850hPaの層厚高換算温度の50°N～30°N帯状平均偏差	北半球中緯度の平均的な大気温度を表わす．日本付近の気温と正相関がある．
	熱帯 (TCT2_2)	100hPa − 850hPaの層厚高換算温度の20°N～20°S帯状平均偏差	熱帯地方の平均的な大気温度を表わす．エルニーニョ現象が発生すると高くなる．

	名称	定義	概要
熱帯大気・海洋	夏季アジアモンスーンOLR活動度指数 (SAMOI_A)	OLRの規格化偏差の符号反転 (5°N〜25°N, 80°E〜105°E) + (5°N〜20°N, 107.5°E〜140°E)	アジアモンスーンの活動の強さを示す（ベンガル湾付近とフィリピン付近での計算）.
	夏季アジアモンスーンOLR北偏度指数 (SAMOI_N)	OLRの規格化偏差 (EQ〜10°N, 70°E〜140°E) − (20°N〜30°N, 70°E〜100°E) − (15°N〜25°N, 102.5°E〜140°E)	アジアモンスーンの北偏度を表わす（インド〜フィリピン付近で計算）.
	夏季アジアモンスーンOLR西偏度指数 (SAMOI_W)	OLRの規格化偏差 (5°N〜20°N, 107.5°E〜140°E) − (5°N〜25°N, 80°E〜105°E)	アジアモンスーンの西偏度を表わす（フィリピン付近〜ベンガル湾付近で計算）.
	エルニーニョ監視海域の基準値との差 (SSTDIF)	4°N〜4°S, 150°W〜90°Wの海面水温の基準値との差	エルニーニョ監視海域（ペルー沖）の基準値 (1961年〜1990年) との差.
	南方振動指数 (SOI)	タヒチとダーウィンの海面気圧差	タヒチとダーウィンとの海面気圧の差. エルニーニョ現象発生時には, 東風が弱く負の値をとる.
	上層雲量指数 (HCLD−PH)	20°N〜10°N, 110°E〜140°Eの上層雲量偏差	フィリピン付近の対流活動の強さを表わす.
	上層雲量指数 (HCLD−MC)	5°N〜5°S, 110°E〜135°Eの上層雲量偏差	インドネシア付近の対流活動の強さを表わす.
	上層雲量指数 (HCLD−DL)	5°N〜5°S, 170°E〜170°Wの上層雲量偏差	日付変更線付近の対流活動の強さを表わす.
	赤道域200hPa東西指数 (U200-IN)	5°S〜5°N, 80°E〜100°Eの東西風偏差	インド洋赤道域の200hPaの東風偏差.
	赤道域200hPa東西指数 (U200-CP)	5°S〜5°N, 180°〜125°Wの東西風偏差	太平洋赤道域中部の200hPaの東風偏差.（U850-CPの定義と領域が違うので注意）
	赤道域850hPa東西指数 (U850-WP)	5°S〜5°N, 160°E〜175°Wの東西風偏差	太平洋赤道域西部の850hPaの東風偏差.（監視海域の定義と領域が違うので注意）
	赤道域850hPa東西指数 (U850-CP)	5°S〜5°N, 170°W〜135°Wの東西風偏差	太平洋赤道域中部の850hPaの東風偏差.（U200-CPの定義と領域が違うので注意）
	赤道域850hPa東西指数 (U850-EP)	5°S〜5°N, 130°W〜100°Wの東西風偏差	太平洋赤道域東部の850hPaの東風偏差.
	領域平均海面水温偏差 (REGION_D)	14°N〜EQ, 130°E〜150°Eの海面水温偏差	太平洋熱帯域西部の海面水温偏差
	領域平均海面水温偏差 (REGION_A)	4°N〜4°S, 160°E〜150°Wの海面水温偏差	太平洋赤道域中部の海面水温偏差
	領域平均海面水温偏差 (REGION_B)	4°N〜4°S, 150°W〜90°Wの海面水温偏差	太平洋赤道域東部の海面水温偏差（エルニーニョ監視海域）
	領域平均海面水温偏差 (REGION_C)	EQ − 10°S, 90°W〜80°Wの海面水温偏差	太平洋赤道域ペルー近海の海面水温偏差

（註） OLR（Outgoing Longwave Radiation）：地球から宇宙空間に放出される長波放射のことで，「外向き長波放射」とよんでいます。太陽放射を受けることによって地球はあたためられますが，他方，地球からは外向き長波放射を常に射出しており，地球全体として両者がつり合っている（放射平衡にある）ために，地球の温度は一定に保たれています。

期的に変化し，比較的温暖な天候となります．一方，低指数のときは南北流型の流れになっており，偏西風の南北への蛇行が大きくなっています．ブロッキング現象が起きていることもあり，低温や高温あるいは不順な天候の持続など，異常天候となりやすい流れです．

極渦指数：北極付近に形成される極渦の発達の様子を見る指数です．極渦指数は 500hPa 高度場で北緯 70 度と 80 度の高度偏差の和として求めます．これにより極付近の寒気蓄積の度合いを判断することができます．極渦指数が正ということは，極付近(北緯 70 度以北)の高度場は平年に比べて高くなっていますので，本来極付近にあるはずの冷たい空気は中緯度側に放出されている段階と考えます．一方，極渦指数が負のときは，極付近の高度場は平年に比べて低くなっていますので，極付近には平年以上に冷たい空気が蓄積されており，中緯度側には南下していないと判断します．

東方海上高度指数：日本の東の海上の北緯 40 度の東経 140〜170 度の高度偏差の和として求めます．この付近の高度が高いということは日本付近へ寒気が南下しにくい気圧配置ということで，この指数と日本付近の気温とは正の相関があります．特に寒候期には顕著な相関が認められます．つまりこの指数を見ることで，500hPa 高度場が寒気の入りやすい場なのか，あるいは寒気が入りにくい場なのかが判断できます．

沖縄高度：この指数は北緯 30 度の東経 120〜140 度の高度偏差の和として求めます．西日本から東日本のほぼ南海上の高度偏差を見る指数で，日本の南で亜熱帯高気圧の強さを見ることができます．またこの指数が負の時は寒気が南下していることを示します．日本付近の気温と正の相関があります．

オホーツク高指数：名前の通りにオホーツク海高気圧の発達の様子を見る指数で，北緯 50〜60 度，東経 130〜150 度のオホーツク海付近の高度偏差の和として求めます．この指数が高い時はオホーツク海高気圧の出現です．

3.2.2 中・高緯度の循環場

ここでは，大気大循環の中の中緯度から高緯度にかけての循環場と日本付近の天候の関係について見てみます．

(a) 中・高緯度の循環指数と日本の天候

ここでは，表 3.1 に示しました循環指数を基にして，循環場と日本の天候の関係を見ていきます．中・高緯度の循環を表す指数としてはいくつかありますが，この中の中緯度高度や沖縄高度，小笠原高度，極東亜熱帯指数あるいは東方海上高度などのような日本周辺の高度場の高低を表している指数は，季節を通して各地域の地域平均気温と正の相関があります．つまり日本周辺の高度場が平年より高ければ，全国的に気温は高い傾向にあるということです．ただ夏については，ほかの季節に比べるとこれらの指数と日本付近の気温との相関はあまり良くないようです．極端な場合には小笠原高度のように，夏になると南西諸島を除いて負の相関となるものもあります．

極の寒気の動向を示す指数として極渦指数や北極振動があります．極渦指数が正ということは寒気が中緯度側に南下していることを意味し，指数が負ということは極付近に寒気が蓄積されていると判断されますので，日本列島の大部分を含め中緯度の気温とは負の相関になります．とくに冬季の北日本は極の寒気が放出されるパターンでは，その影響を強く受けやすく高い相関があり，北日本は直接的に北極寒気の影響を受けやすいことを示しています．日本付近への寒気の動向と最も対応のよい極東極渦指数は 11 月から翌年 1 月にかけて有意な負の相関があります．なお，北極振動は北半球極渦指数とほぼ同じようなもので，北日本から東・西日本の冬の気温と大きな正の相関があり，とくに北日本については春にも有意な相関が見られます．

そのほかには，極東東西指数やオホーツク海高気圧指数および小笠原高度などと気温との相関が全般に高くなっていますが，夏になるとこれらの指数との相関は，北日本から東日本・西日本にかけての範囲と，沖縄・奄美地方では逆になっています．この理由としては，西日本より北の地方が暑い夏になるときは，太平洋高気圧が北へ盛り上がり日本付近に強く張り出します．そのような気圧配置とき，沖縄や奄美地方はこの高気圧の南側の縁に当たりますので，必ずしも暑夏となるわけではありません．また逆にオホーツク海高気圧が出現して北日本から東日本及び西日本にかけて冷夏となるときは，太平洋高気圧は北の方へ張り出すことはなく，日本の南海上を西の方へと張り出します．つまり，沖縄や奄美地方からさらには中国南部へと張り出しま

3. 長期予報技術の背景となる知見

す．その結果，沖縄や奄美地方はすっぽりと高気圧の中に入り暑夏となり，北日本から西日本とは逆になるというわけです．このような状況を反映して，オホーツク海高気圧指数は，北日本を中心に4月から8月にかけて負の相関となっていますが，南西諸島だけは6月から10月にかけて正の相関となっています．なお，極東東西指数はこれまで気温との相関が高いと考えられていましたが，中緯度高度ほどには相関は良くないようです．

（b）偏西風の流れと天候

大気が受け取る放射エネルギーは赤道付近など低緯度地方では常に過剰であり，高緯度では不足となっています．このような放射収支によって低緯度と高緯度の間に気温差が生じ，この気温差を解消するように大規模な大気の運動がひき起こされます．この運動は地球の自転の影響を受けて，中緯度では西風となります．これが偏西風で，特に上層の風の強い部分をジェット気流といいます．

偏西風はその名前の通り，中緯度上空で地球を取り巻くようにほぼ定常的に西から東へと流れている大規模な大気の流れです．偏西風というように大局的には西から東へ流れていますが，海陸分布や地形の違いなど地球表面の様々な影響を受けて，常にいくぶん蛇行しながら流れています．その蛇行の大きさや様子によって日本付近の天候は大きく左右されます．

偏西風は蛇行の程度によって，東西流型と南北流型に分けて考えます．東西流型は比較的蛇行の程度が小さく，東西方向の流れが卓越している流れです．このような流れのときは，低気圧や高気圧は西から東へとスムースに動いていきますので，持続的に強い寒気が南下することもなく，比較的穏やかな天候経過が見られます．一方，南北流型は偏西風の蛇行が大きくなり，南北方向の流れが卓越する型です．南北方向の流れが大きくなりますので，大規模な寒気の南下や暖気の北上がみられます．その結果，持続的に寒気が南下して季節外れの強い低温となる場合や，暖気が北上して顕著な高温といった天候が現れやすくなります．このように偏西風の流れと天候との間には密接な関係がありますので，長期予報では偏西風の流れの様子に着目します．

東西流型と南北流型：偏西風はその蛇行の程度により，東西流型と南北流

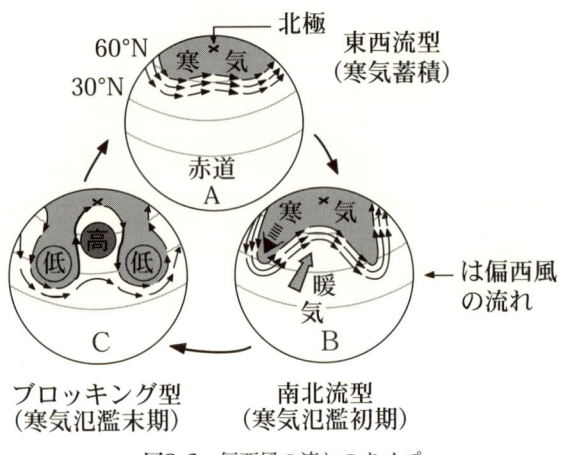

図3.6 偏西風の流れのタイプ

型に分けられますが，一種の作業概念モデルとして，偏西風の流れのパターンを図3.6に示す3つのタイプ（A～B～C）で考えて見ます．それぞれの図の陰影の部分が寒気で，その外側に矢印で示すように偏西風が流れているとします．

まず上の図（A）のような流れの場を東西流型としています．このパターンは寒気が高緯度に蓄積されている段階で，平年に比べて南北方向の温度差が大きくなっている状態です．このようなときは東西方向の流れが卓越して偏西風は強くなっており，南北方向への蛇行は大きくありません．したがって南北方向の大規模な熱の交換は行われず，低気圧や高気圧は西から東へと順調に動いていきます．日本付近など中緯度帯では周期的な天気変化となって，持続的な強い寒気の南下はありません．比較的温暖な天候となります．

次に図（B）のパターンは偏西風の南北方向の流れが卓越する型を示しています．先の（A）の段階で寒気が高緯度側に蓄積されていき，低緯度側との温度差が大きくなりますと大気の流れは不安定になります．そこで南北方向の温度差を解消するように南北方向の流れが卓越して熱の交換が行われます．このとき偏西風の流れとしては南北方向の成分が大きくなり，いわゆる蛇行が大きな状態となります．これは南北の熱の交換が行われている段階で，寒気が南下して低温となっている地域と暖気が北上して気温が高くなってい

3. 長期予報技術の背景となる知見

る地域があります．つまり偏西風が北から南へと流れている地域では，高緯度からの寒気が南下してくるため強い低温となり，偏西風が南から北への流れの場に位置する地域では，暖気が流れ込んで気温の高い状態が出現しているということです．したがって大規模な南北流型になると広い半球規模で異常天候が現れやすくなります．

(B) の南北流型のさらに極端なパターンが図 (C) のブロッキング型ということになります．南北流型の振幅が大きくなると，南下した寒気は南側に寒冷低気圧として切り離され，偏西風が南から北へ蛇行したところにはブロッキング高気圧が形成されます．ブロッキング型は異常気象の原因といわれます．

なお，東西流型から南北流型そしてブロッキング型という移り変わりは，必ずしもここで述べたように交互にあるいは規則的に現れるわけではありません．またその予測はとても困難ですが，この3つの流れのタイプを一種の作業概念モデルとして考えると天候を理解しやすいところです．

前に記述しましたが，偏西風の流れの場が東西流型か南北流型かを判断する尺度として，「東西指数」という指数が用いられます．500hPa 天気図上で北緯40度と北緯60度の平均高度の平年偏差の差を求めて，それを北緯50度の東西指数としています．

(c) ブロッキング現象と日本付近の天候

偏西風の蛇行が大きくなり，さらに南北流型の振幅が大きくなると，南下した寒気は南側に切り離されて寒冷低気圧となり，偏西風が北へ蛇行したところにはブロッキング高気圧が形成されます．偏西風の流れの一部が切離されて，北へ蛇行して切離された高気圧（ブロッキング高気圧という），南へ蛇行した部分に切離低気圧ができ，偏西風は南と北に分流する形になります．これがブロッキング現象です（図3.6 (C) 参照）．ブロッキングは一度起こると1週間以上にわたって持続するのがふつうです．ブロッキング高気圧は背の高い暖気で形成され，偏西風の流れを阻害し，ジェット気流上を東進する移動性高気圧や低気圧がその進行を「ブロック」されるようになります．このようなパターンになりますと同じような気圧配置が持続することから，

その周辺では異常高温や異常低温などが長く続き，異常気象の原因といわれます．ブロッキングには大きく分けて2つのパターンがあります．ひとつは高緯度側のやや東側にブロッキング高気圧，低緯度側のやや西側に低気圧が形成される双極型といわれるものです．このとき偏西風は2つに分流され，一方の流れは高気圧の高緯度側を，もう一方が低気圧の低緯度側をそれぞれ回り込むようにして流れ，ブロッキングの東側に出て合流します．もうひとつのパターンは，低緯度側に低気圧が形成されることはなく，ブロッキング高気圧のみが形成されるΩ型です．このパターンでもブロッキング高気圧により偏西風は分流しますが，流れの一方は高気圧の高緯度側を大きく回り込んで流れ，もう一方は高気圧の低緯度側をほぼ直線的に流れるということになります．

　日本付近でブロッキングが発生しやすい場所は，主にアリューシャン列島付近からからアラスカ方面にかけての領域です．その典型的な例としては，梅雨の時期に上空のブロッキング現象に伴うオホーツク海高気圧の出現ということになります．このとき，日本付近にはオホーツク海高気圧からの冷たく湿った空気の流入が続き，じめじめした梅雨をもたらし，北日本や東日本の太平洋側ではやませによる冷害も心配されます．あるいは冬ならば持続的な寒波の南下となって寒冬の要因のひとつでもあります．

　実際のブロッキングの推移を北半球500hPaの5日平均高度場で見てみます（図3.7）．これは2000年の春に発生したブロッキング現象です．上の図は4月の中旬（4月11日～15日と16日～20日）の天気図です．この時点でブロッキングは，グリーンランド付近とアリューシャンからアラスカ付近で発生していますが，次第にブロッキングの中心はヨーロッパ北部からシベリア方面へ移っています．下の図の下旬（21日～25日と26日～30日）には極東付近で大規模なブロッキングとなっています．このようなブロッキングの発生により，気温の経過を見ますと，中旬以降全国的に寒気が流れ込み，下旬には沖縄・奄美付近まで強い寒気が南下しています（図3.8）．

　ブロッキング現象が発生する原因は厳密にはまだよく理解されていませんが，北半球では特に北太平洋上や北大西洋上でブロッキングが起きやすいことは，チベット高原やヒマラヤ山脈，ロッキー山脈といった高い山脈の影響

3. 長期予報技術の背景となる知見

で，偏西風の蛇行が起こりやすいためではないかといわれています．ブロッキング現象が発生すると，偏西風の流れが通常とは大きく異なり，また長期間持続することから異常気象の要因のひとつです．したがって，長期予報や週間天気予報にとってはブロッキングの正確な予測が重要な課題です．

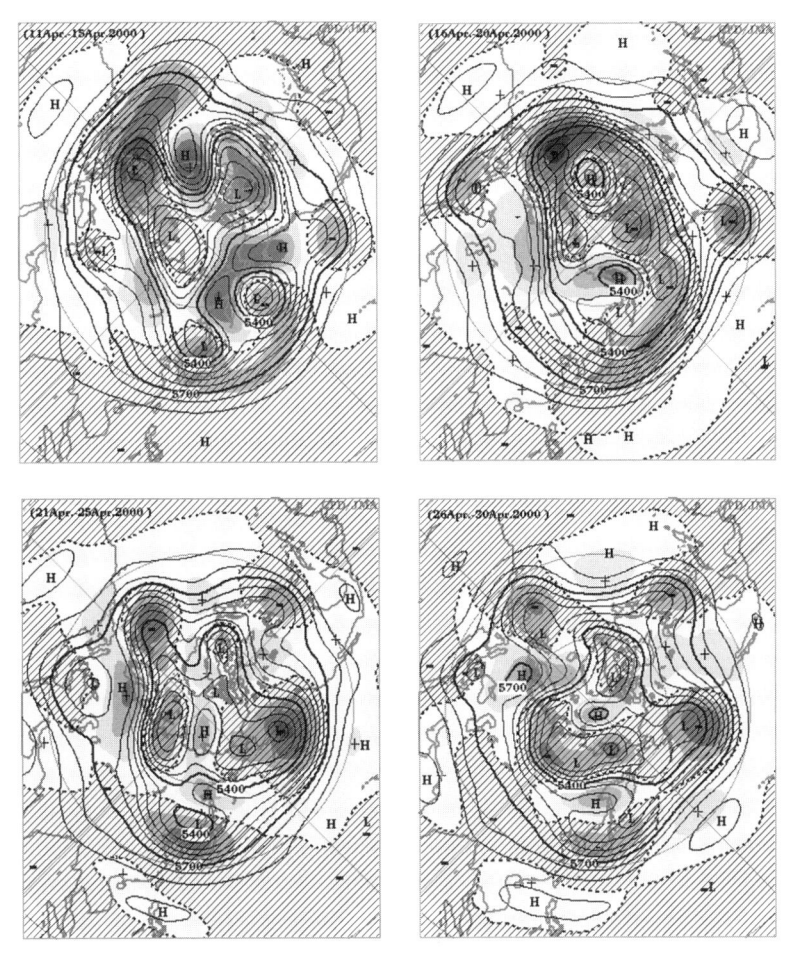

図3.7　北半球500hPa天気図で見るブロッキング現象（気象庁提供）
　　　上図：4月中旬（11日～15日と16日～20日）
　　　下図：4月下旬（21日～25日と26日～30日）
　　　Hは高気圧，Lは低気圧です．斜線域は負偏差です．

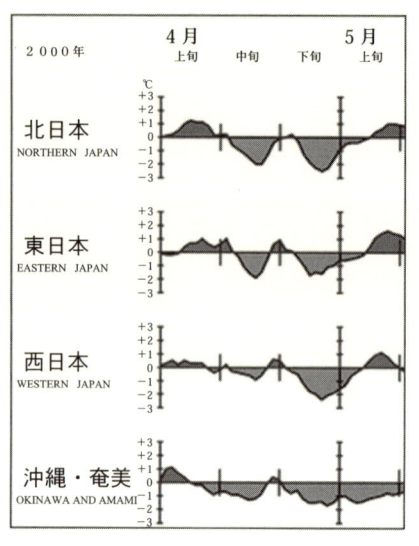

図3.8 ブロッキング発生時の気温の経過（気象庁提供）

(d) 北極振動（北極寒気の動向）

　近年は暖冬の年が目立っています．そのような暖冬年が多い中で，2006年の冬（2005年12月～06年2月）は近年には珍しい寒冬となり，特に05年の12月は全国的に極端な低温に見舞われました．これは北極からの強い寒気が断続的に日本付近に流れ込み，強い冬型の気圧配置の日が多かったためです．全国的な低温となったのは1985年以来20年ぶりのことでした．月平均気温の平年偏差は東日本で－2.7℃，西日本で－2.8℃となって，1946年の地域平均の統計開始以来，最も低い記録となりました．また，北日本の平年差も－1.9℃，南西諸島も－1.5℃ということで日本全国が冷たい空気に覆われていたことになります．強い寒波が多かったことから日本海側の地方を中心に12月としては記録的な大雪ともなりました．まさに典型的な寒冬となりました．一方翌年の冬（2006年12月～07年2月）は，記録的な暖冬となりました．冬を通じて冬型の気圧配置は一時的で，全国的に気温が高く経過し多くの地点で，冬の平均気温の高い記録を更新し，東日本と西日本の地域平均気温は，前年の冬とは逆に最も高くなりました．冬型の気圧配置が現れにくいことから，全国的に降雪はかなり少なく，特に北陸地

3. 長期予報技術の背景となる知見

方では平年の9%となるなど，北日本，東日本，西日本の日本海側の降雪量は地域平均の統計のある1961/62年以降で最も少なくなりました．要するに冬らしくない冬であったというわけです．さて図3.9にはこの両年の月平均北半球500hPa天気図（2005年12月と2007年1月）を示しています．その偏差図を見るとまさに対照的な分布になっているのが分かります．大きく見ますと，2005年12月の特徴は北極付近を中心に高緯度側には正偏差が分布し，日本付近など中緯度側に負偏差域が広がっているということです．つまり極の寒気は極付近にはなく，低緯度側に流れ込んでいるということを物語っています．一方，その翌々年の2007年1月の特徴は北極付近を中心に負偏差域は高緯度に集中しており，日本付近など中緯度側には正偏差域が広がっています．つまり北極の寒気は本来の極付近にとどまり，低緯度側は暖かい空気に覆われていたということです．このように極付近での寒気の蓄積，それとは逆に中緯度側への寒気の放出の繰返し，つまり高緯度側と低緯度側で高度偏差の正と負がシーソーのように変動する現象を北極振動と言います．

北極振動（AO：Arctic Oscillation）とは1998年にトンプソン と ウォレスによって提唱された北半球の循環の卓越する変動パターンの一つです．北

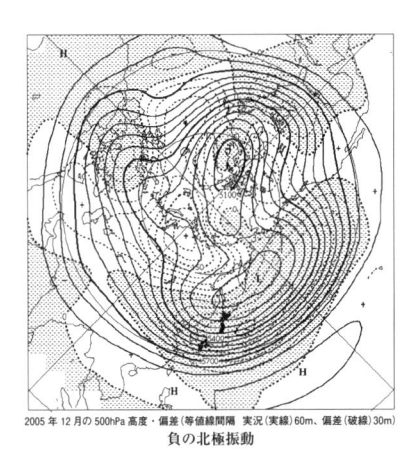

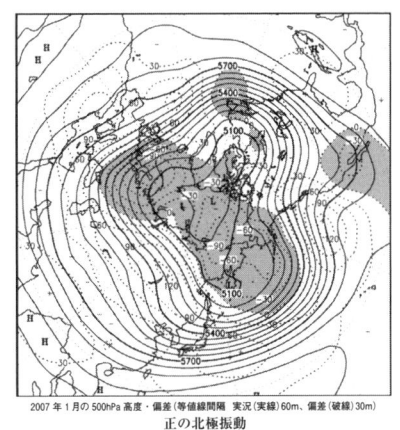

図3.9 500hPa高度偏差図で見る北極振動パターン（気象庁提供）
左図は負の北極振動（2005年12月），右図は正の北極振動（2007年1月）の例

半球の主として冬季の月平均海面気圧偏差場にみられる北極域とそれを取り囲む中緯度側の気圧の変動のパターンで，北緯60度付近を境に北極域が負（正）のときに，中緯度側が正（負）となるような南北シーソー的な変動のことです．

図3.9に示すように北極地方の気圧が平年より高く，中緯度帯の気圧が平年より低い場合には北極地方から中緯度に向かって寒気が流れ込みやすくなります（このパターンを「負の北極振動」といいます）．逆に北極地方の気圧が低く，中緯度側の気圧が平年より高いときには強い寒気の南下はありません（これは「正の北極振動」です）．

その変動は複雑で，日々の変動から100年スケールの変動まで，時間的にも空間的にもかなり広い領域に関係しているようです．長期間の傾向は地球温暖化と関係しているともいわれていますし，大西洋の海洋循環や北極海の海氷・海洋の変動と関係しているともいわれます．変動のメカニズムをはじめ，その本質はまだ十分に解明されているわけではありません．ただ実際には前述の極渦指数などとも関係がありますし，天候との関連や予報の解説などには有効に使えそうです．長期予報で使っています寒気の蓄積・放出を監視する北半球極渦指数と同じように，北半球規模での寒気の蓄積放出を見ているものです．

3.2.3　熱帯の循環場

日本付近の天候は，偏西風の流れとともに熱帯域での対流活動や海面水温の変動などの影響を強く受けています．熱帯域の海面水温偏差は，対流活動つまり積雲対流による降水の偏差として現れ，そのときの水蒸気の凝結に伴う大気の加熱の偏差が大気大循環を駆動する熱源の変化をもたらし，熱帯だけでなくさらに広い範囲に及び，中高緯度の大気の流れにも影響しています．

熱帯域の海面水温偏差の影響としては，エルニーニョ/ラニーニャ現象と日本の天候との関係などがよく知られていますが，そのほかにもインド洋ベンガル湾付近の対流活動が活発になると，日本付近で梅雨前線の活動が活発になることや，冬季インドネシア付近で対流活動が活発になると季節風が

吹き出すという関係などもあります．このように日本から遠く離れた赤道付近の海水温の変動や対流活動の程度，さらに世界の天候などを注意深く監視することが，数か月先の天候の予測に役立っています．医療分野における病気の診断とその見通しのように，長期予報作業においても気候系の診断を丁寧にすることが重要なことで，地球上の大気の状態や海面水温，さらに雲の分布や雪氷分布，また日本や世界の天候などを総合的に診断しています．

　日本の天候への影響としては，南シナ海からフィリピン東部にかけての海域や海洋大陸（インドネシア及びその周辺の半島や島々，浅い海域など）付近における対流活動の状況が大きいところです．夏季にこの海域で対流活動が活発になると，太平洋高気圧の日本列島付近へ張り出しが強くなり暑い夏になります．それとは逆に不活発なときは太平洋高気圧の張り出しが弱く，曇りや雨の日が多くなって冷夏傾向となります．したがって長期予報の作業では，西部太平洋熱帯域での対流活動が，どのようなタイミングで活発になるかが関心の高いところです．なお熱帯域には季節内振動という準周期的な変動があり，対流活動の発達の時期の予測には有効に使われています．熱帯域の対流活動により，大気中に放出される熱源の変動は，後に述べるテレコネクションという形で中・高緯度大気へも大きな影響を及ぼします．北半球の500hPa天気図で見ますと，赤道域で対流活動が活発になると，その北側に高気圧性循環が形成され，さらにその北東側には低気圧性循環というように高・低・高・低が波列状に形成されます．その結果，中高緯度における前線帯の位置や高・低気圧の活動や経路にも影響してきます．図3.10には熱帯の対流活動の影響がどのような形で，中・高緯度の循環場へ伝播するかを模式図で示しています．

（a）熱帯の循環場と日本の天候

　先の表3.1に掲載しました循環指数の中で，熱帯の対流活動を示す指数と日本付近の気温との相関を見てみますと，とくに夏に高い傾向が見られます．夏の地域平均気温との相関では，ベンガル湾からインド周辺の対流活動を表すインドモンスーンOLR指数（CI1）は，冬は弱い負の相関ですが，やがて春には正の相関に変わり，北日本から南西諸島まで各地域とも正相関があ

図3.10 熱帯西部太平洋の海面水温の変動の中高緯度への影響（新田，1987より）

ります．また，フィリピン周辺の対流活動を表す東南アジアモンスーンOLR指数は南西諸島を除いて，冬から春までは負相関ですが6月ころには正相関に変わり，夏の北日本と東日本の気温との相関はかなり高くなっています．この正相関は10月まで続いています．ただし南西諸島は他の地域と大きく異なり，夏の間はほぼ負の相関となっています．これは夏にフィリピン付近で対流活動が活発な場合，太平洋高気圧が北へ張り出すことで，北日本から東日本・西日本まではこの高気圧に覆われ気温が高くなるものの，南西諸島付近は対流活動の雲域の中に入るというように直接的な影響を受けることで，日射が少なくなるためと考えられます．ただし秋になりますとこの指数は南西諸島で正の相関となります．インドモンスーンOLR指数（CI1）と東南アジアモンスーンOLR指数（CI2）の両方の定義域を合わせたものに近い地域で定義されるものに夏季アジアモンスーンOLR活動指数（SAMOI-A）というのがあります．この指数は北日本から東・西日本の夏の気温と最も相関が高くなる指数の一つですが，南西諸島ではそれほど強い相関ではありません．ただ夏季アジアモンスーンの西への偏りを表す夏季アジアモンスーンOLR西偏度指数（SAMOI-W）と南西諸島の夏に高い相関があります．

また，インド洋熱帯域の海洋変動が日本の天候へ影響を及ぼすメカニズムは以下のように考えられています．夏季にインド洋熱帯域で海面水温が高い

3. 長期予報技術の背景となる知見

図3.11 インド洋熱帯域の海面水温の日本の天候への影響（気象庁提供）

ときには，インド洋全域で海面気圧が低めになり，さらに赤道に沿って西太平洋まで低気圧場が伸張してくる傾向が見られます．この低気圧場に向かって北東風偏差が発生しますので，フィリピン付近を中心に下降流の場となり，積乱雲の発生が不活発になります．その結果，太平洋高気圧の日本付近への張り出しが弱くなりますので，日本付近では気温は低めとなり，日照も少なく冷夏傾向となります（図3.11）．なお，インド洋熱帯域の海面水温は，エルニーニョ／ラニーニャ現象が発生すると，エルニーニョ監視海域の海面水温の変動に遅れて変動する傾向があります．このことから，エルニーニョ現象終息後の夏季に，北日本を中心に，低温，多雨，寡照となることもあります．また，ラニーニャ現象終了後の夏季に，その逆の傾向が現れますが，インド洋の海面水温が高い場合ほど顕著ではありません．

(b) 赤道季節内振動（MJO）

大気の変動の周期には様々なものがありますが，そのなかの高気圧や低気圧のような総観規模現象の変動より長く，季節変化より短い時間スケールで振動する現象で，おおよそ数週間から数か月程度の周期で振動する現象が季節内振動（変動）とよばれる現象といわれるものです．このような周期の現象としては，古くは亜熱帯高気圧やブロッキング高気圧，あるいは中緯度偏西風の変動などの研究として知られていましたが，マッデンとジュリアン（1971, 72）が赤道域での海面気圧の変動を解析した結果，インド洋から太平洋にかけて30〜60日の顕著な周期の変動が存在し，また赤道に沿って

東進することを明らかにしたことから赤道域あるいは熱帯域での変動が注目されるようになりました．そこでこのような熱帯域での季節内変動はMadden & Julian Oscillation の頭文字をとって MJO と呼ばれています．季節内変動は 30 ～ 60 日というかなり広い幅の周期帯ではありますが，準周期的な変動をしていますので将来の予測が可能です．また季節内変動により熱帯域の対流活動の活発域が変動することで，中緯度大気にも影響してくることが分かってきました．そこで長期予報では熱帯域での季節内変動を予測対象として注目しています．たとえば梅雨の時期ならば，梅雨前線の活動が活発化する時期の予想，盛夏期には太平洋高気圧の日本付近への張り出しの予想から猛暑のタイミングを，冬には強い寒波の吹き出しの時期などを予報する貴重なシグナルとなっています．

このように熱帯における対流活動の変動は日本の天候へ大きく影響することから，長期予報の作業では，西部太平洋熱帯域での対流活動が，いつごろ活発になるかを，5°N ～ 5°S 平均した 200hPa 速度ポテンシャル平年差の時間経度断面図などによりこの季節内振動の動向を注意深く監視することになります（図 3.12）．

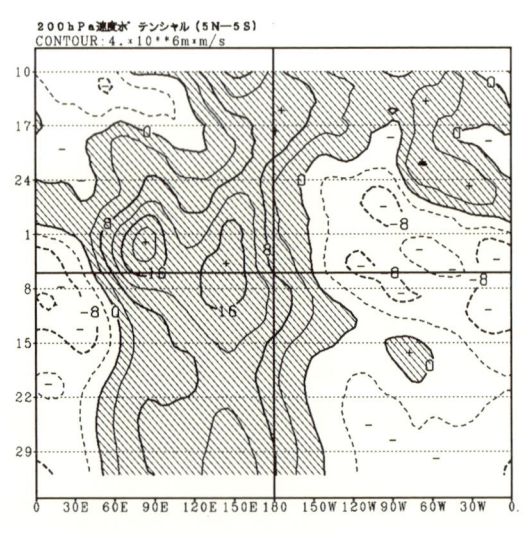

図3.12　200hPa速度ポテンシャルの経度・時間断面図（気象庁提供）

3. 長期予報技術の背景となる知見

(c) テレコネクション

　地球上で数千キロ以上も離れた地点の間で，気圧や高度などの気象要素同士あるいは気象要素と海面水温などが，互いに関連しながら変動している場合にテレコネクション（遠隔結合）の関係にあるといいます．それぞれの地点の気象要素の平年偏差の時系列の間に，有意な相関関係があることによってテレコネクションが存在すると判断されます．テレコネクションパターンとしては，たとえば500hPa高度場の偏差分布が，北側で気圧が高いときにその南側には気圧の低い領域があるというように南北の間でシーソーのように変動するパターン，また地球上の2つの地点の間を最短距離で結ぶ大円の弧の上に正・負・正の気圧偏差が並ぶという波列状のパターンもあります．これらのパターンは持続性があることから長期予報にとって非常に有効な情報のひとつです．このようなテレコネクションの考え方は観測事実としては古くから気づかれていましたが，これが注目されるようになったのは，1980年代ころからです．

　日本付近の天候もテレコネクションパターンと密接な関係があることから，テレコネクションパターンの理解は長期予報を考える上では貴重な情報といえます．現在，世界中にはいくつかのテレコネクションパターンが見つかっていますが，日本付近の天候に関わるパターンとしては，エルニーニョ現象発生時等に赤道太平洋から北太平洋さらに北米大陸にかけて見られるPNA (Pacific North America) パターン（図3.13），冬季の北半球で最も卓越し日本付近での冬型気圧配置にも関係するEU (Eurasia) パターン，ラニーニャ現象発生時に熱帯太平洋西部の海面水温の高まりに対応した活発な対流活動に対する大気の応答としてのPJ (Pacific Japan) パターン，そしてWP (West Pacific) パターンなどがあります．

3.2.4　エルニーニョ／ラニーニャ現象

　南米のペルーやエクアドルの沖合いから日付変更線付近にかけての太平洋赤道域の東半分にわたる広い海域で，2～7年に一度の割合で海面水温が平年に比べて1～2℃（ときには2～5℃も）高くなり，その状態が半年から

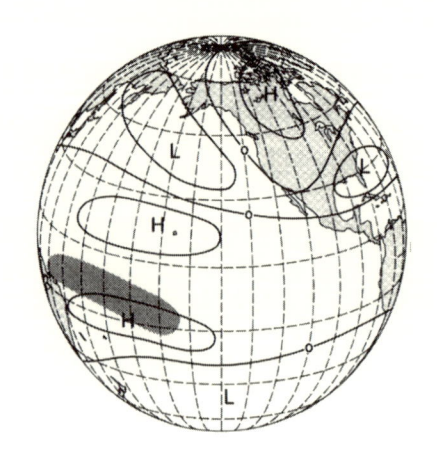

図3.13 エルニーニョ現象発生時に卓越するPNAパターン（気象庁提供，2004）

1年半くらい続くことがあります．これをエルニーニョ現象（El Nino）とよんでいます．またこれとは逆に，同じ海域で海面水温が平年より低い状態が続く現象はラニーニャ現象といいます．図3.14は典型的なエルニーニョ現象（上図）及びラニーニャ現象（下図）が発生している時の太平洋における海面水温の平年偏差の分布を示しています（平年値は1981〜2010年の30年間の平均）．上の図は，1997年春に発生して1998年春に終息したエルニーニョ現象の最盛期にあった1997年11月における海面水温の平年偏差分布です．南米のペルー沿岸付近から西へ日付変更線付近まで赤道に沿って暖かい海面水温の領域がくさび状に延びています．このような海面水温偏差分布がエルニーニョ現象発生時の特徴です．下の図は1988年春に発生して1989年春に終息したラニーニャ現象の最盛期であった1988年12月における海面水温の平年偏差分布です．日付変更線付近からの東の南米沿岸にかけての赤道沿いに冷たい海面水温の領域が広がっています．このような海面水温分布の変化は大気の流れにも影響しますので，世界的な異常気象を引き起こす一因になっています．いまのところ，世界共通のエルニーニョ／ラニーニャ現象の定義というのはありませんが，気象庁では次のように定義して，エルニーニョ現象やラニーニャ現象の解析や統計などを行っています．つまり図3.15に示す「エルニーニョ監視海域（南緯5度−北緯5度，西経150

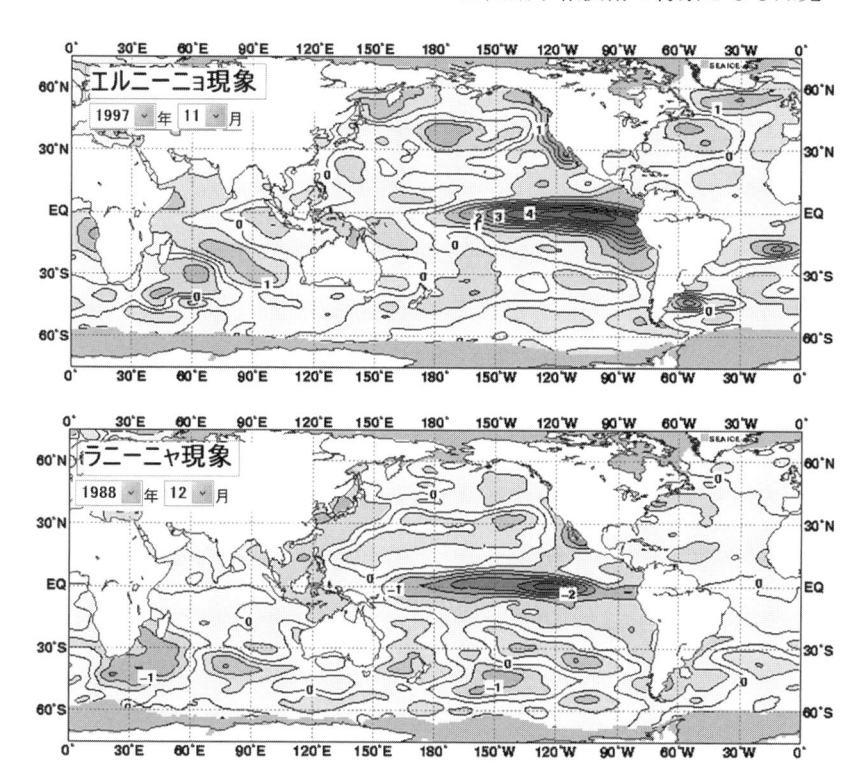

3. 長期予報技術の背景となる知見

図3.14 エルニーニョ現象とラニーニャ現象発生時の月平均海面水温偏差図（気象庁提供）
上図は典型的なエルニーニョ現象時（1997年11月），下図はラニーニャ現象時（1988年12月）

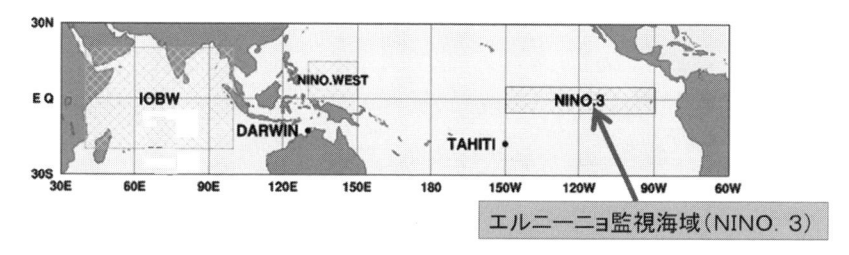

図3.15 エルニーニョ監視海域（気象庁提供）
（南緯5度－北緯5度，西経150度－西経90度）

度−西経90度)」の海面水温の基準値(その年の前年までの30年間の各月の平均値)との差の5か月移動平均値が6か月以上続けて＋0.5℃以上となった場合をエルニーニョ現象，−0.5℃以下となった場合をラニーニャ現象」としています．

　エルニーニョ/ラニーニャ現象は，太平洋赤道域の大気と海洋の相互作用により発生すると考えられています．この太平洋赤道域における大気と海洋の相互作用について見てみます．

　図3.16は赤道付近の大気と海洋の断面で，対流圏内における大気の東西方向の循環の様子を模式的に示したものです．通常(平年)の状態として，熱帯の海は年間を通して強い日射で暖められています．また海面付近には貿易風と呼ばれる東風が吹いており，その東風から受ける西向きの応力を受けて，海面近くの日射で暖められた海水は西方のインドネシア付近に吹き寄せられています．その結果この海域には海面水温が28℃以上の暖かい海水が蓄積され，暖水の層は厚くなり海面水位は東部に比べて数10cm高くなっています．一方東部の海域では，この東風と地球の自転の効果によって，西部へ運ばれた海水を補うように，深層の冷たい海水が海面近くに湧き上って(湧昇)います．この結果，東部の海面水温は20〜26℃になっており，西部に比べてかなり低くなっています．このように太平洋赤道域の海面水温は，西で高く東で低いという特徴的な分布になっています．一般に海面水温の28℃前後を境として，これより高い海面水温の海域では対流活動が活発になることが知られていますので，西部のインドネシア付近では上昇気流が生まれ，盛んに積乱雲が発生しています．上昇した空気の一部は対流圏上層では西風となって東に向かって進み，東部太平洋で下降気流となっています．そして下層では貿易風である東風となって，再び西部太平洋に戻るという循環を形成しています．この一連の循環をウォーカー循環と言います．

　ところが，何らかの原因で貿易風が弱まると，海面付近の暖かい水を西部に吹き寄せていた応力が弱まりますので，西部に蓄積されていた暖かい水は東部へ戻ろうとし，海面水位は水平に戻ろうとします．また東部海域においても，冷たい海水の湧昇が弱まるため海面水温が上昇し，太平洋赤道域の広い範囲が高温の海水に覆われることになります．その結果，対流活動の活発

3. 長期予報技術の背景となる知見

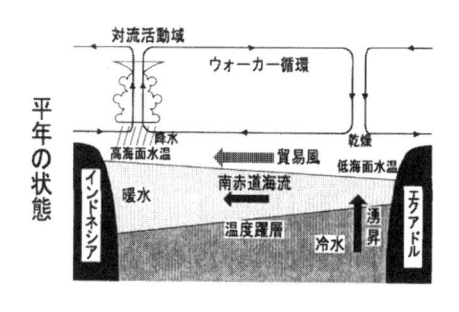

図3.16 太平洋赤道域の大気と海洋の相互作用とエルニーニョ現象（気象庁提供，2004）
大気と海洋の相互作用の平年の状態（上）とエルニーニョ現象発生時（下）の比較．太平洋赤道付近の断面図で，南半球側から北半球側を見ている．

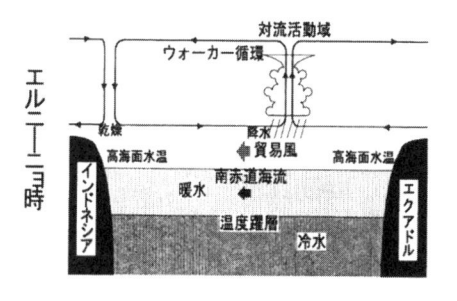

（註）エルニーニョ：スペイン語の「男の子」の意味です．エルニーニョ現象が12月ころに発生するところから，クリスマスにちなんで名づけられました．
ラニーニャ：エルニーニョとの対比で「女の子」の意味です．

域も西部から日付変更線付近，あるいはそれよりもさらに東方へ移動します．上昇気流域も東へ移動するため，東西循環であるウォーカー循環も大きく変化し，時には上昇流域と下降流域の場所が平年と逆転することさえあります．このような東西循環の変化は，貿易風を弱める方向にはたらくため，東部へ広がった暖かい海水は西部に運ばれなくなり，ますます貿易風を弱めることになります．このような大気と海洋の相互作用によって，この状態が長期間維持されることになり，エルニーニョ現象が長期間続きます．積乱雲の発達する場所が変わるということは，大気中への熱源の分布が平年とは異なるということになり，大規模な大気の流れにも影響してくるというわけです．

　エルニーニョ現象とは逆に，南米のペルーやエクアドルの沖合いから中部太平洋にかけての赤道域で，海面水温が低くなる現象はラニーニャ現象と呼ばれます．ラニーニャ現象時には，貿易風が平年よりも強くなっているため，太平洋赤道域の西側には平年以上に暖水が蓄積され，暖水の層は厚くなっています．一方，東側では下層からの冷水の湧昇が強まり，この海域の海面水温は低くなっています．

ところで，エルニーニョ/ラニーニャ現象はこのように海洋の水温変動の現象ですが，他方，大気中にも「南方振動」とよばれる特異な現象のあることが分かっています．20世紀の初頭，インドモンスーンの長期予報の研究をしていた気象学者ウォーカーは，太平洋西部と太平洋東部の気圧変動の間に顕著な負の相関関係があることを発見しています．つまり，インドネシア周辺の気圧の変動が，そこから5000km近くも東方の南太平洋タヒチ島周辺の気圧変動と関連していました．これはまるでシーソーのように，一方の気圧が高くなる時期は他方が低くなるということから，この変動を「南方振動（Southern Oscillation）」と名付けました．近年，大気や海洋の観測が進むにつれて，南方振動とエルニーニョとは大気と海洋の相互作用であり，それぞれ現象の大気側と海洋側の関係にあることが認識されています．南方振動を表す指標としては，この振動の中心付近に位置する南太平洋のタヒチ島と太平洋西部のダーウィン（オーストラリア）の地上気圧を使います．前者から後者の気圧をひき，その気圧差を「南方振動指数」と呼んでいます．南方振動指数は，東西方向の大規模な風である貿易風の強さに対応し，正のときは貿易風（東風）が強く，負の時は弱いことを意味します．

　このような，エルニーニョ現象（El Nino）と南方振動（Southern Oscillation）の両者を合わせて，全体の現象を捉えた概念としてENSO（エルニーニョ-南方振動）と呼んでいます．図3.17には，エルニーニョ/ラニーニャ現象発生の指標である「エルニーニョ監視海域」の海面水温偏差と，南方振動指数の年々の変動とをならべて示しています．海面水温偏差の高い状態が続いているところがエルニーニョ現象の発生している年ですが，その時期は南方振動指数が負となって貿易風が弱くなっていることに対応しています．また，海面水温偏差が低い時期には南方振動指数は正となって，貿易風が強まっています．このことは，まさに一つの現象を海洋から見たのがエルニーニョ/ラニーニャ現象であり，大気から見たのが南方振動であることを示しており，ENSOと総称される所以です．

(a) エルニーニョ/ラニーニャ現象と世界の天候

　エルニーニョが発生すると対流活動の活発な部分が熱帯の中部太平洋方面

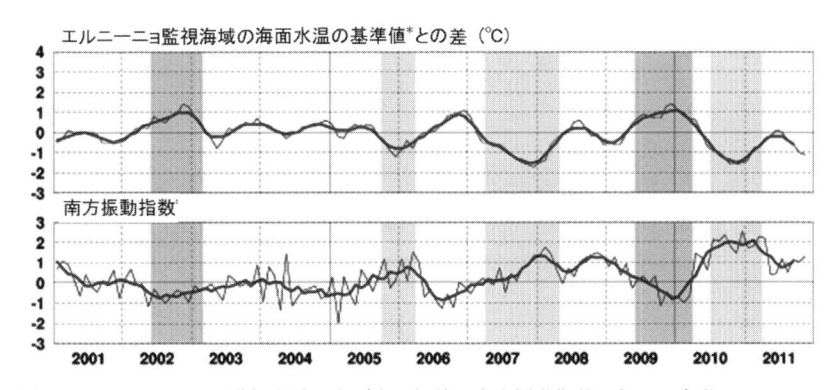

3. 長期予報技術の背景となる知見

図3.17 エルニーニョ監視海域の海面水温偏差と南方振動指数の年々の変動
（気象庁提供）
上図はエルニーニョ監視海域の海面水温偏差，下図は南方振動指数で，濃い陰影を施した期間はエルニーニョ現象発生の時期，薄い陰影を施した期間はラニーニャ現象発生の時期．

へ移り，積乱雲が形成される場所も通常とは異なってきます（図3.16）．この影響は，大気の流れを通じて熱帯域を中心に世界の天候に及びます．

一般的にエルニーニョ現象発生時に熱帯域では，東西循環が変化する影響を受け，通常は雨の多いインドネシアやその周辺及びオーストラリア北部，東南アジアや南米北東部などでは少雨傾向となります．そのほかには，インド付近では夏期のモンスーンが不活発（少雨）となることから，これらの地域では干ばつが発生しやすくなります．一方，通常は雨の少ない熱帯中部太平洋域では多雨傾向となります．また，南米のペルーやエクアドルの太平洋沿岸部でも多雨傾向となり，ときには平年の5〜10倍の降水量となり，洪水に見舞われることもあります．

また一般的な傾向として，エルニーニョ現象発生時には高温傾向，ラニーニャ現象発生時には低温傾向が見られます．

(b) エルニーニョ／ラニーニャ現象と日本の天候

日本付近を含む中・高緯度の天候は，大気大循環の一環としての偏西風の蛇行などにも大きく影響されるのですが，エルニーニョ現象の影響も強く受けています．エルニーニョ現象の影響がどのようにして中・高緯度へ現れる

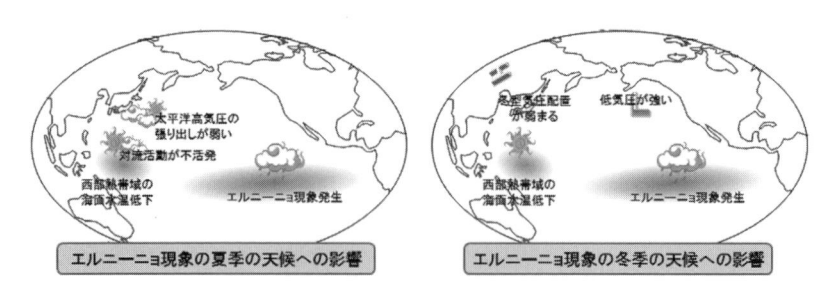

図3.18 エルニーニョ現象が日本の天候へ影響を及ぼすメカニズム（気象庁提供）

かということは前述のテレコネクションのところで見た通りですが，図3.18に夏と冬について模式図で示します．

　日本の夏の天候は，太平洋高気圧の強さやその張り出す方向に大きく影響されますが，この高気圧が日本の方へ強く張り出すかどうかは，フィリピン付近の西部熱帯太平洋域の対流活動の強弱と関連しています．ここでの対流活動が活発なときは，テレコネクションのところで見たように日本の上空には高気圧偏差が現れ，これは日本付近への高気圧の張り出しを強めます．その結果，南西諸島を除いて全般に暑い夏となる傾向があります．ところが図3.18左図で見るように，エルニーニョ現象発生時には西部熱帯太平洋域では海面水温が通常より低くなっていますので，そこでの対流活動は不活発となり，日本付近は低気圧偏差となり，太平洋高気圧は北の方へは張り出しません．その結果，エルニーニョ現象発生時には日本の夏は沖縄や奄美地方を除いて平年並みか冷夏傾向となりやすいというわけです（図3.19）．

　次に冬の日本付近の天候は西高東低の冬型気圧配置に大きく左右されます．つまり冬型気圧配置が強いときは寒冬になり，冬型気圧配置が弱いと暖冬傾向になります．このパターンはエルニーニョ現象の影響を受けて変動することが知られており，中部太平洋赤道域の海面水温や西部太平洋熱帯域の対流活動と関連があるといわれています．エルニーニョ現象発生の冬は，アリューシャン付近の低気圧は通常よりも東に離れ，強い冬型気圧配置は現れにくくなり，暖冬傾向となります（図3.19）．

3. 長期予報技術の背景となる知見

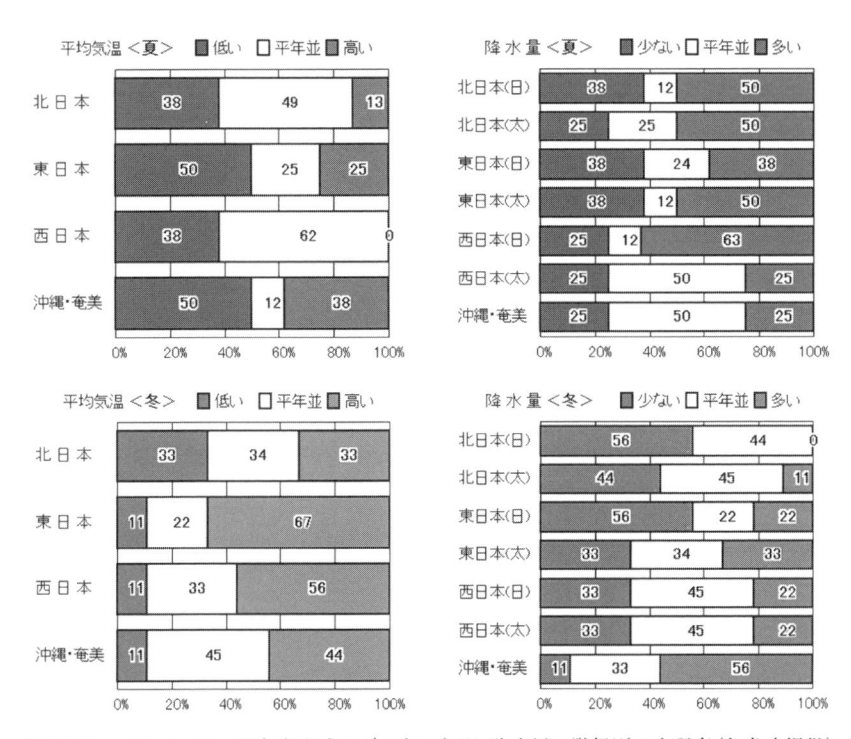

図3.19 エルニーニョ現象発生時の夏と冬の気温・降水量の階級別の出現率（気象庁提供）
上段は夏，下段は冬

4. 今日の長期予報

かつては統計的方法で行われていた長期予報ですが，今ではすべての予報が力学的手法によるアンサンブル予報で行われており，3か月予報や暖候期・寒候期予報には大気海洋結合モデルが導入されています．

4.1 長期予報の技術的変遷

まさに手探りの状態で始まった長期予報ですが，それから半世紀以上が過ぎ，気象学の進歩や大気や海洋などの地球規模の観測データの整備，さらにはコンピューター技術の飛躍的な向上に支えられて大きく発展してきました．長期予報に始めて力学的手法が導入されたのは1990年3月のことです．力学的手法が導入されたとはいっても，その時点では1か月予報の前半の部分だけに数値予報を取り入れるという方法でした．その後アンサンブル予報が開発され，十分な精度が得られたことから1996年3月に，1か月予報はそれまでの統計的手法から力学的手法によるアンサンブル予報へと完全に切り換えられました．さらに2003年3月には3か月予報に，そして9月には暖候期・寒候期予報にもアンサンブル予報が導入されて，今では全ての長期予報資料が力学的手法を中心に作成されています．ただ，3か月予報にとって重要な因子である熱帯域の海面水温や対流活動を示す降水量の予測に明瞭なシグナルがない場合や，これら海面水温や降水量の応答の影響が小さい季節や地域もあることなどから，3か月予報資料のひとつとして統計予測資料である最適気候値予報「OCN」(Optimal Climate Normals) が併用されています．

はじめに長期予報技術の進展を簡単に振り返ってみます．

4.1.1　力学的手法導入前の長期予報

(a) 長期予報の始まり

　わが国の長期予報の研究は，東北地方の冷害を防止・軽減することを目的としてはじまりました．1900年代の初めの頃や30年代には低温や天候不順の夏が続き，北日本では悲惨な冷害が頻発しました．このような冷害を防ぐことを目的としてわが国の長期予報の研究は始まりました．そして1942年8月，中央気象台（現在の気象庁）から最初の長期予報として1か月予報が発表されました．つづいて9月には3か月予報が，さらに翌年の4月には暖候期予報も発表されました．その後，一時的に予報の発表が中断されたことはありますが，1953年に改めて予報の発表が再開されて以来，今日に至っています．その当時は，現在のように全球規模の充実した観測資料があるわけではありません．ましてや数値予報資料もない時代ですので，入手できる資料を様々な角度から分析して，あるいは統計的な方法で予報則を見つけ出す試みがなされました．例えば，天候の変化の兆しを捕えるために，ある特定ポイントの気圧の変動や風の変化の特徴に着目するなど，有効な予測のための情報を導き出すための調査・研究が行われました．

(b) 統計的手法による長期予報

　やがて，全球的・立体的な気象資料の整備が進んだことから，北半球天気図を用いた総観的な予報法が導入されるようになりました．このころの長期予報における総観的な予報法とは，予報要素と北半球全体の高度場や気圧場との相関を求めて分布図を作成し，それを基に天候と大気の循環場との関係を解析するという方法です．例えば暖冬になる場合の相関分布図，あるいは冷夏になる場合の相関分布図のように，特定の天候と循環場の関係の特徴を見つけることができました．相関分布図を作成することで，天気予報における天気図の総観解析と同じような考え方で天候と大気の循環場との関係を理解することができることから，この方法は"相関シノプティックス"と名付けられ，その後の長期予報手法の大きな柱となっていました．図4.1は東日本の冬の気温と北半球500hPa高度場との相関分布図です．日本付近に大き

4. 今日の長期予報

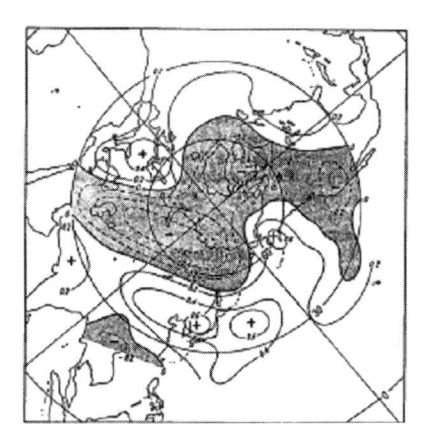

図4.1 東日本の冬の気温と北半球500hPa高度場との相関分布図（和田英雄，1976より）

な正の相関域，北極付近からウラル付近にかけて大きな負の相関域があります．つまり日本の気温が「高い」状態になるときには，日本付近の高度は高く，高緯度方面やウラル付近の高度は低くなっているということです．この図は気温と高度場の同時の相関分布図ですが，このような関係を予報に適用するには時間的な遅れ進みで相関を見ていけばよいわけです．このような解析結果は偏西風波動との関わりという面からも理解されていました．その中に，冬の日本付近に強い寒気が南下する時期を予報するための予報則があります．それによると，冬季にグリーンランド付近で気圧の尾根が発達した後，2半旬後あるいは4半旬後に日本付近に寒気が流れ込むというものです（季節予報指針）．この過程は今では，グリーンランド～ヨーロッパ～ウラル付近～日本付近と連なるテレコネクションのEUパターンとして理解されているものです．わが国の長期予報の関係者は，相関シノプティックスという手法の中で，テレコネクションを認識していたということです．このような相関シノプティックスをはじめ，この頃の長期予報はすべて統計的手法で行われていました．統計的手法には，前述のような相関関係に着目する方法，あるいは過去のデータの類似性に着目する方法，ある要素の時系列の周期に着目する方法などがあります．

　相関関係を見る方法とは，例えばある地域の気温や降水量などの変化と大

気の循環場あるいは海面水温等の境界条件などとの間に，ある時間差をおいた相関がある場合に回帰式を作成して予測するという方法などです．

　類似性に着目する方法は，例えば現在の天気図を過去の天気図とつき合わせて良く似た天気図を拾い出すことで，今後はそのときと同じような天候経過をたどるであろうとする予測手法です．この方法では大気の循環場の類似性や海面水温など境界条件の類似性も比較されます．ただこの方法では，現時点で類似しているからと言って，その後の推移も過去と同じ経過をたどるという保証はないという欠点があります．

　周期法は気圧，気温，高度偏差や循環指数などの直近までの時系列データに含まれる周期を分析し，その周期性が将来も保持されるであろうという前提で補外して予測する方法です．この手法はこれまでの時系列中に特徴的な周期があったとしても，その周期の変動が今後も続くという根拠に乏しいので，単純に予想の根拠としては使いにくいところですが，その物理的な解釈が可能な場合や多数の経験がある場合は有効な予測資料となります．たとえば，熱帯域では季節内変動という周期的な変動があり，対流活動の活発な地域が東西方向に伝播していることから，それを亜熱帯高気圧の動向と関連させることが出来ます．

　以上のような統計的方法は，考え方としては一定の妥当性を持っていますが，それらの関係を説明する物理的根拠に乏しいことや予測の精度が高くないことなどの問題点があります．予測対象である大気の変動が単純で，その統計的性質も明らかならば，ある程度の期間の資料でも統計的に信頼度の高い予測が出来るかも知れません．また，統計的方法にとっては過去の資料の蓄積がよりどころです．過去のデータの中にこれから予測しようとする状況に近いものが多数あるということが前提です．つまり，大量の過去資料がある場合にはその統計的性質を知ることが出来，一定の予測精度が期待できるのですが，現実には利用できる資料は十分ではありません．近年よく観測されるような「観測開始以来の……」というデータが出てくる状況では，このような統計的方法では予測はとても困難といえます．もしも長期予報に使えるデータが数百年あるいは数千年分あれば，統計的手法による予測精度を上げることが出来るかもしれませんが，現実にはそのようなことは無理で，統

計的手法には自ずと限界があります．以上のようなことから，長い間長期予報の予測手法として行われてきました種々の統計的予測法は，今では最適気候値予報を除いてすべて力学的手法に置き換えられました．最適気候値予報「OCN」(Optimal Climate Normals) とは，気温や降水量の実況経過から長期的なトレンドや数十年程度の変動を把握し，それを単純に延長して予測するという方法です．最適な気候値予報のためには，どの程度の期間の平均とするのが良いかという最適年数は地域や季節によっても異なりますが，現時点ではこの平均期間として10年が採られています．ちなみに米国の気候予測センターでは気温については10年，降水量については15年というのを用いているようです．

4.1.2 力学的手法による長期予報

(a) 力学的手法による長期予報のはじまり

長期予報への力学的手法の導入は，はじめに15日数値予報という形で始まりました．前節で述べたように，それまでの長期予報の手法としては，過去のデータを統計的に処理する手法に限られていましたが，数値予報技術の向上やコンピューターの発達により，期間を15日まで延長した数値予報が可能となりました．1990年3月に15日数値予報という形で，はじめて1か月予報に力学的手法が導入され，1か月予報の前半の部分については補助的ながら数値予報を取り入れた予報に切り替えられました．その後アンサンブル予報の開発が進められ，1996年3月に，1か月予報は全面的に統計的予測法から数値予報によるアンサンブル予報へと切り替えられました．

(b) アンサンブル予報のはじまり

アンサンブル予報の導入をきっかけに長期予報の発表形態も大きく変わりました．つまり"厳密に技術を評価して科学的に予測可能なものだけを，あるいは定量的な評価が可能な要素だけを予報する"という方向が明瞭になりました．その結果，かつては予報文として記述されていました細かな天候経過等は，予測資料としての根拠が不十分であること，あるいは定量的・客観

的な評価が難しいということから記述されなくなりました．また，数か月先の梅雨の入り・明けの時期や台風の発生数・上陸数等については，明瞭な予報根拠がない限りは表現しないことになりました．予報の発表形式等も変更され，従来の文章による天候の記述を中心とした形式から，要素別予報を中心とした表現となり，同時に気温・降水量・日照時間の予報に確率表現が導入されました．従来の予報文に比べると平文による細かな天候経過を記述するのではなく，要素別予報に重きを置いた予報となっています．その後 2003 年 3 月には 3 か月予報に，続いて 9 月には寒候期・暖候期予報にもアンサンブル予報が導入され，現在では全ての長期予報が力学的手法によるアンサンブル予報という形で行われています．ただし，前述のように 3 か月予報にはごく一部の資料として統計的手法も併用されています．

　長期予報へ力学的予報が導入された意義としてはいろいろありますが，主に次のような点が挙げられます．まず予報精度の向上です．従来の統計的手法よりも精度が向上していますし，これから継続して予報モデルの改良を重ねることで着実に予報精度の改善が期待できます．さらに決定論的予報の不可能な長期予報においては，予測情報は必然的に確率情報となりますが，アンサンブル予報によって適切な確率情報が得られます．また統計的手法では，資料の制限等から現象のメカニズムを単純化して考えることになりますので，大気の振舞いやその経過などについて物理的，客観的な物差しで評価できにくいというケースも少なくありませんが，力学的予報では，物理法則にもとづくモデルによって計算され，物理量が格子点値の形で得られますので，適切な解析を行うことによって結果や因果関係を物理的に解釈することが可能となります．

4.2　アンサンブル予報

　大気の持つカオス的な性質により，初期値に含まれる微小な誤差が時間の経過とともに次第に大きくなっていき，ある時間を経過すると予報のシグナル以上に誤差の方が大きくなってしまいます．それでは予報の意味がなくな

4. 今日の長期予報

ります．そこで，1か月以上も先の長期予報を行うには，観測の結果得られた一つの初期値だけで数値予報を行うのではなく，その初期値に客観解析に含まれる程度の微小な誤差を加えた複数の初期値を作り，多数の数値予報を行い，その全ての予報結果を統計的に処理することで，種々の有用な予測情報を引き出すことにしています．それがアンサンブル予報です．アンサンブル予報による気温予測の例を図4.2に示します．図の中央付近から右側には無数の線が見えますが，これが異なる初期値で行った一つひとつの予報結果です．その中のやや太めの曲線がアンサンブル平均というわけです．

　一般にアンサンブルという言葉は，全体とか全体的効果を意味し，集団あるいは集合ということを表しています．そこで，複数の初期値を用いて数値予報を行い，それを総合して有効な情報をひきだす予報の手段ということからアンサンブル予報という言葉が使われています．後述するように長期予報で対象とする長い予報期間については，多数の初期値により数値予報を行い，その結果を総合的に処理することで，将来の気象状況に関する有用な情報を引き出すことが必要で，そのための手法としてアンサンブル予報が開発されました．気象庁においては，アンサンブル予報をまず1か月予報に導入しましたが，今では3か月予報や暖候期・寒候期予報はもちろん，週間天気予報さらには台風予報においても用いられています．

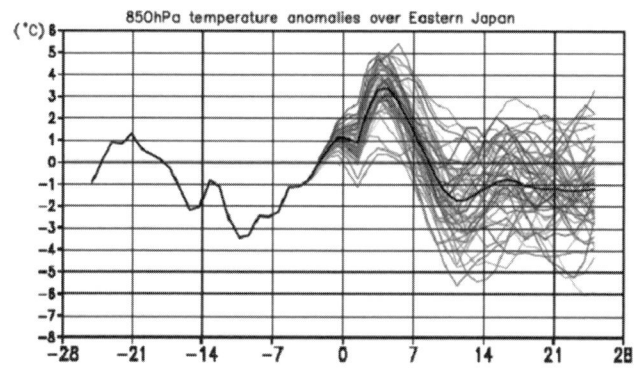

図4.2　アンサンブル予報の例（気象庁提供）

4.2.1 数値予報の予測限界とアンサンブル予報

　近年の数値予報モデルの進展はめざましく，週間天気予報など中期予報においては大きな成果をあげてきています．とくに週の後半の日々の天気もかなりの精度で当たるようになってきました．しかしながら，ときには週間天気予報の後半において，いわゆる"日替わり予報"といわれるように初期値が新しくなるたびに，数値予報結果が二転三転することもあります．経験的な事実によれば，一般に数値予報結果が日替わりとなるときは予報精度が悪く，一方予報結果が安定しているときは，予報精度もよいようです．このように数値予報が安定しているときと不安定なときとで予報精度が異なることは，数値予報を行う際の大気に内在する初期値敏感性の問題というところで，このことは数値予報の予測可能限界の問題でもあります．アメリカの気象学者ローレンツは，大気の運動が持つ非線形の本質的部分を，最大限に簡略化した2次元熱対流を用いて記述した「ローレンツモデル」により，気象予報における初期値敏感性，数値予報の予測可能限界の研究を行いました．ローレンツモデルは，気象予報における初期値敏感性をはじめ，アンサンブル予報の必要性などの基盤となっています．

　ローレンツモデルでは，ある初期値を与えればその後の答えは完全に一意的に決まります．ところが初期値をわずかに変えると，ある時間までは前の結果とほとんど同じ答えになりますが，その後は次第に差が大きくなり，ついには全く違う結果を導き出すということになります．図4.3はローレンツモデルにおいて，わずかに初期値を変えて数値的に積分を行った二つのケースの時間変化を示したものです．この図を見ると，初期の段階ではa）とb）の間にはほとんど差は認められません．ところが，時間の経過とともに次第に差が大きくなっていき，ある時間を過ぎると全く違った振る舞いを示すようになっています．ここでa）を実況の推移，b）を数値予報による予報結果と考えますと，予報誤差は初期の段階では比較的小さいのですが，あるところから急激大きくなっていくというわけです．つまり微小ながらも誤差を含む初期値による数値予報はある有限時間しか有効でないことを意味します．

4. 今日の長期予報

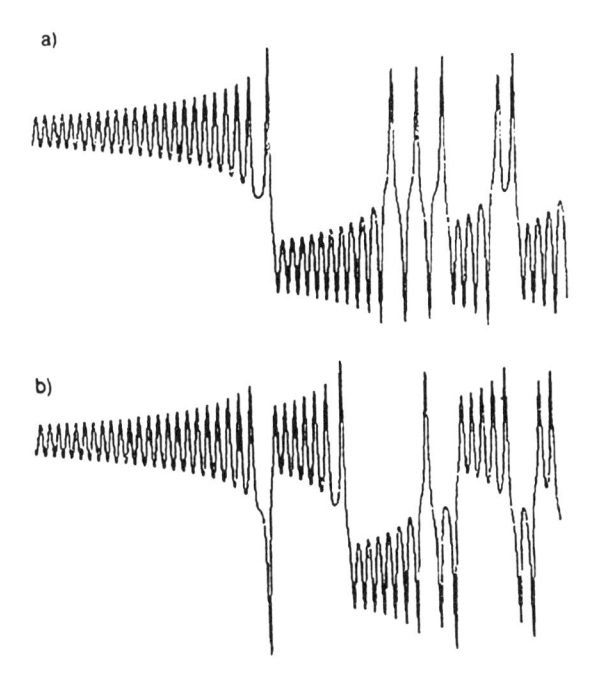

図4.3 ローレンツモデルにおける初期値敏感性（パルマー，1993より）

　数値予報を行うための初期値は，観測によって得られた結果を解析して作成されますが，いかに厳密に気象観測を行ない，正確な解析がなされたとしても，初期値として真の値を求めることは原理的に不可能なことです．つまり数値予報の初期値には必ず何らかの誤差が含まれています．その誤差が，時間の経過とともに成長していき，ある時間を経過した時点では，予測自体に意味がなくなるほどの大きさになります．このように初期値には必然的に誤差がふくまれていることと，初期値がわずかに違うと，ある時間経過後にはついに全く違った答えになるということを考え合わせると，「単一の数値予報モデルでは決定論的予測はある限られた範囲の時間しかできない」という結論が出てきます．ここで「決定論的予測は有限時間しかできない」という意味は，予測時間が長くなると将来の状況について"必ずこうなる"という断定的な表現としてひとつの答えを出すことはできないということです．それは大気の持っているカオス的な性質によるもので，どうしても克服する

ことはできません．それでは長期予報で対象とするような長い先の予報をすることは不可能なのかということになりますが，諦める必要はありません．毎日の天気予報と同じような形で，将来の状態をただひとつの答えとして断定的に予報することはできないのですが，もっと別な表現で十分に有効な予測情報を得る方法があるのです．それがアンサンブル予報です．

　アンサンブル予報では初期値の異なる複数の数値予報結果を平均することで，アンサンブルメンバーの予測誤差が打ち消し合ってひとつの初期値による予報よりも予報の精度を向上させることができます．また初期値の違いによる予報結果のばらつきの程度を見ることで，その予報の信頼度を推定することができ，さらには確率情報なども導き出すことができます．このように初期値に含まれる誤差の性質を利用することで，将来起こりうる状態を予報の信頼度とともに予測することができますので，1か月以上先を予報する長期予報では大変有効な予測法といえます．

　数値予報とは，大気の流れや熱の出入りなどを記述する運動方程式や熱力学方程式をコンピューターで解いて将来の状態を予測するというものです．現実の大気中で起こる現象はさまざまな因子が関わりあって，とても複雑なものですが，基本的な要素に限って簡便化したモデルの大気を作って時間的に積分していくというのが数値予報です．数値予報では計算の出発点になる初期値が決まり，地表面の状態や大気の上限などの境界条件などが与えられると一義的に答えが求まります．ところがこれらの方程式が非線形であることから，初期値がごくわずかに違うだけで，ある時間が経過すると予測結果が大きく異なるということがあります．これは大気の持つカオス的な性質によるもので，歴史的にはポアンカレが20世紀初頭に発見し，20世紀半ばを過ぎてE.Nローレンツや上田睆亮によって再発見されました．図4.4はローレンツモデルを用いて，初期値の誤差が場の状態によって，時間の経過とともにどのように増大するかを示した図です．このモデルは，熱対流を記述する方程式系を簡略化したシステムの位相空間における軌跡を二次元的に示した図です．極度に簡略化されていますが流体が有する非線形性の特徴をよく示しているといわれているものです．

　図中の左上のリングの中に無数の点がありますが，これが初期値グループ

4. 今日の長期予報

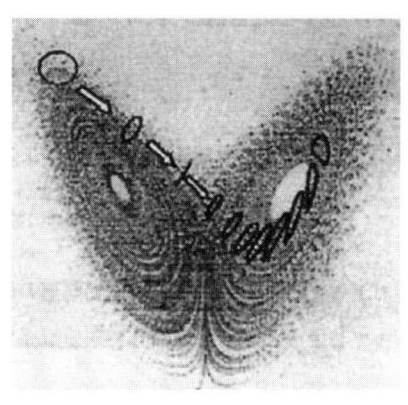

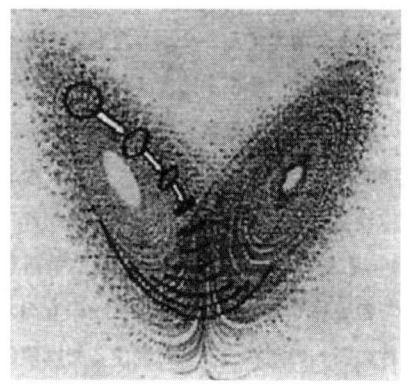

図4.4 ある範囲の初期値から出発した点の集合の時間変化（パルマー，1993より）
（左）予測精度が良い（右）予測精度が悪い

の位置です．このリングの中の無数の点を初期値として行った複数の数値予報の結果が，時間の経過とともに二重矢印の線に沿って進んでいきます．その全体をアンサンブル予報と考えることができます．初期値に多少の違いがあっても，予報値があまり拡大しない場合が左の図であり，ある時間が経過した時点から大きく拡大しているのが右の図です．左の図のような場合は，予測の不確実の幅は時間が経過してもあまり大きな拡大を示していませんので，遠い先まで精度良く予測できるということになります．一方右の図のような場合は，はじめのうちは隣り合っていた軌跡がある時間を経過したところで左右のグループに別れていき，位相空間内でかなり離れた範囲まで広がり，その状態に大きな違いが生じています．アンサンブル予報を行えば，軌跡がこの領域に近づくほど結果は発散してしまうことを意味しています．すなわち，同じ初期値グループ内でもごく僅かに異なると，将来の道筋がまったく異なることを意味し，初期値敏感性が如実に現れる例です．このような状態では不確定さが大きく，予測が困難な状態ということです．

　将来が図4.4の左図のようになるのか，右図のようになるのか，あるいはこれらとは別の状態になるかを知るためには単一の初期値からの予測では不可能です．ローレンツモデルによると，初期値の場により誤差が成長しやすい場合と，それほど大きく成長しない場合があります．また，初期値から時

85

間の経過に伴って状態を表す軌跡がどのような場所を通るかにより，予報可能な時間も大きく変わることを示しています．すなわち，初期の場および途中の場が力学的に安定か不安定かによって誤差の増大が支配されることになります．ローレンツモデルの意味する予報不可能性の最たるものは，このようにごく僅かに異なる初期値の軌跡がある時間より先で，全く異なってしまうこと，すなわち初期値敏感性にほかなりません．

4.2.2 アンサンブル予報から得られる情報

　アンサンブル予報では，予報結果を統計的に処理することで種々の有用な情報を得ることが出来ます．しかしながら数値予報モデルに系統的な予報誤差があり，それが個々のアンサンブルメンバー間のばらつきよりも大きければ，アンサンブル予報を行っても意味のある予報結果は得られません．つまり，数値予報モデル自体に十分な精度といえる基本的な性能が無ければアンサンブル予報を行っても精度がよくなるわけではありません．現象を完全に予測できる機能を持つ数値予報モデルを「完全モデル」といいます．その完全モデルに真の初期値を与えることが出来れば完全な予報が得られることになります．今日ではまだ「完全モデル」には到達しておりませんが，十分な精度が得られるレベルにあります．

（a）アンサンブル平均

　アンサンブル予報の第一の目的は，アンサンブル平均により予報精度を向上させることです．個々のアンサンブルメンバーの予報結果にはランダムな誤差が含まれていますが，それらを平均することによりランダムな誤差は打ち消し合いますので，単一の予報に比べて予測誤差を小さくして予測精度を上げることができます．もちろん平均的な予報精度の向上は，前述のように数値予報モデルの改善に待たれることではありますが，仮に現象を完全に再現できる数値予報モデルで予報を行ったとしても，大気の持っているカオス的性質により，予報期間が長くなれば予報精度にはある一定の上限が出てきます．

4. 今日の長期予報

ここにひとつの初期値 A_1 があったとして，数値予報を行い F_1 という予報値を得たとします．次に A_1 とはわずかに違った初期値である A_2 を基に数値予報を行い，F_2 という予報値を得ます．さらに A_1 とはわずかに違い，A_2 とも違う別の初期値 A_3 を基に数値予報を行い，F_3 という予報値を得ます．以下同様にして $A_4, A_5 \cdots\cdots A_n$ を初期値とした数値予報を行い，$F_4, F_5 \cdots\cdots F_n$ という予報値を得ることができます（図4.5）．

ここで $F_1, F_2 \cdots\cdots F_n$ の個々の数値予報をアンサンブルメンバーまたはメンバーといいます．そして全てのアンサンブルメンバーの単純平均をアンサンブル平均といいます．

各メンバーの予報値を F_i，アンサンブル平均を F，メンバー数を m とすると，

$$F = \sum_{i=1}^{m} F_i \Big/ m$$

となります．

全てのアンサンブルメンバーの予報結果を平均することで，個々のアンサンブルメンバーのランダムな予報誤差は打ち消しあいますので，アンサンブル平均の誤差は必ず個々のメンバーの誤差の平均より小さくなります．個々のメンバーの中にはアンサンブル平均よりも良い予報結果を示しているものもあるかもしれません．しかしながら予報発表の時点では，どのメンバーが

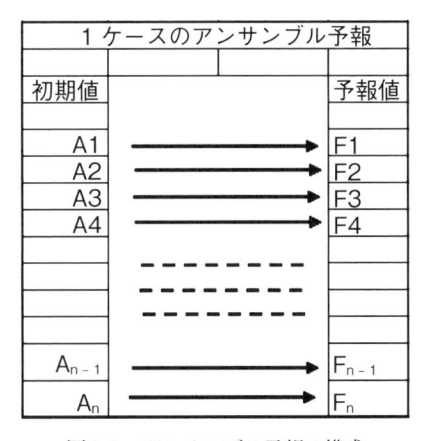

1ケースのアンサンブル予報		
初期値		予報値
A_1	→	F_1
A_2	→	F_2
A_3	→	F_3
A_4	→	F_4

A_{n-1}	→	F_{n-1}
A_n	→	F_n

図4.5 アンサンブル予報の構成

正解に近い予報かを知ることはできませんので，アンサンブル平均が最も良い推定値ということになります．つまり予報発表の時点では，アンサンブル平均が最も実現する可能性の高い推定値，つまり精度のよい予報ということになります．

(b) 予報精度の予報

アンサンブル予報のもう一つの目的は予報発表の時点で，発表される予報の精度に関する情報を得ることができる，あるいは確率的な情報を得ることができるという点です．予報精度の予報とは，数値予報の予報結果がいつまで，どの程度の予報精度をもつかをあらかじめ予報することです．完璧な予報でない限り予報には不確定さが含まれるものです．そこでその予報の不確定の度合い，つまり予報精度を予報発表の時点で知ることが重要なことですが，アンサンブル予報ではそれが可能というわけです．前述のように大気の持つカオス的な性質のために，数値予報を行うと時間の経過とともに初期値に含まれる誤差が増大していき，ついにはある時点で予報が有効でなくなるところがでてきます．この予報が有効でなくなる時間はそのときの大気の状態によって異なります．つまり，誤差の成長があまり大きくない大気の状態の場合には予報は長い先まで有効となりますが，誤差の成長が大きな大気の状態の場合には，短い時間で有効でなくなります．それを，予報を発表する時点で把握しようということです．

予報精度を予測するための予測因子としては，スプレッドを使います．「スプレッド」とは，全てのアンサンブルメンバー間の予報結果のばらつきの度合いを示す量です．スプレッドはアンサンブルメンバーの間のばらつきが大きいときには大きな値となります．またこの値が大きいときというのは，数値予報にとっての大気の安定性が悪く，初期値に含まれる誤差の増幅の程度が大きく，数値予報の成績も悪くなると考えられます．

ここで，ある初期時刻 $t = 0$ における真の観測値を A，観測の結果得られた解析値を A_0 とします．そして A_0 を初期値として得られた t 時間後の予報値を $F_0(t)$ とし，t 時間後の観測値（解析値）を $A_0(t)$ とすると，

t 時間後における予報誤差（2乗平均誤差）R は

4. 今日の長期予報

$$R = (F_0(t) - A_0(t))^2$$

と表せます.

ところで数値予報を行う時点では，この式におけるt時間後の実況値である$A_0(t)$は入手できませんので，予報誤差Rを予め知ることは出来ません.そこで予報発表の時点でこの予報誤差を推定するために，予報誤差Rに代わる指標として次式で定義するようなスプレッドSを考えてみます.

初期時刻に観測の結果得られた解析値A_0に，人工的な誤差ε（このεは解析誤差程度の大きさとします）を加えて作った$(A_0+\varepsilon)$を初期値として数値予報を行い，この誤差を加えた初期値から得られた予報値を$F_{\varepsilon i}(t)$，アンサンブル平均を$F(t)$として，つぎのようなSの値を求めます.mはアンサンブルメンバーの数です.

$$S = 1/m \sum_{i=1}^{m} (F_{\varepsilon i}(t) - F(t))^2$$

$F_{\varepsilon i}(t)$および$F(t)$ともに計算の結果得られますので，このSは予報を発表する時点であらかじめ知ることができる値で，初期値A_0による予報値$F(t)$を基準とした場合の時刻tにおける予報結果のばらつきの程度を表わしています.初期値の段階から次第に時間が経過し，誤差が成長しやすい領域にさしかかると，アンサンブルメンバー間の予測の拡がりであるスプレッドSも大きくなります.この関係を用いてあらかじめ知ることのできるSの大きさにより，予報の誤差Rの大きさも推定できるであろうと考えるわけです.この方法がスプレッド－スキルの関係を利用した予報精度の予報（各予報間のばらつきと予報成績の関係）というものです.

つまり，アンサンブル予報を行えば，予報発表の時点で予報精度に関する情報を知ることができるということです.予報精度の予報の具体的な表現としては，例えば「日本付近のスプレッドは自然変動の標準偏差を超えているので，今回の予報の精度は気候値予報よりもよくない」というようになります.

(c) 確率予報

アンサンブル予報ではメンバー間のバラツキの状態が実際に起こり得る可能性の確率分布を表すことになり，メンバーの数が十分に多ければ確率的な予報が可能となります.そしてバラツキ具合が小さければ，より確かな予報

であるということができ，逆に大きなバラツキとなれば，少なくともその広がりの中の値をとるであろうと推定できますが，どの状態が実現するか確かなことはいえないということになります．

4.3 大気海洋結合モデル

　現在，1か月予報から3か月予報そして暖候期・寒候期予報まで全ての長期予報が力学的手法によるアンサンブル予報で行われています．このように記述しますと，1か月予報も3か月予報や暖候期・寒候期予報も同じような方法で予報されているように思われますが，原理的には1か月予報とそれより先の3か月予報や暖候期・寒候期予報は違うものです．1か月予報は短期予報や週間天気予報等と同じように，初期条件が時間の経過につれてどのように変化するのかを予測するいわゆる大気だけの初期値問題というものです．ところが，1か月を超える予報では海面水温や海氷などの境界条件が大気に及ぼす影響を予測する境界値問題であるということです（図4.6）．したがって，1か月までの予報では大気モデルが利用されていますが，1か月を超える3か月予報や暖候期・寒候期予報という時間スケールの予報にあたっては，

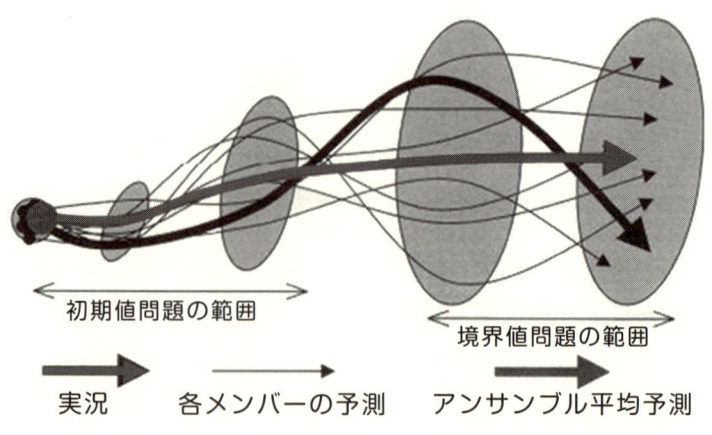

図4.6　長期予報における初期値問題と境界値問題（気象庁提供，2003）

4. 今日の長期予報

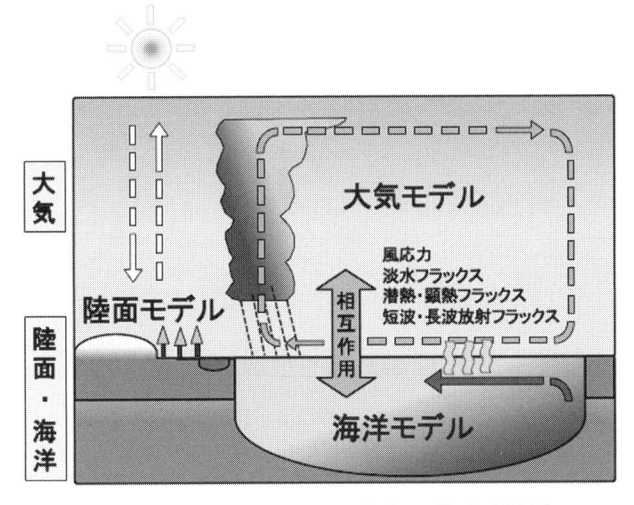

図4.7 大気海洋結合モデルの概念図（気象庁提供）

エルニーニョ / ラニーニャ現象等のような大気と海洋の変動を併せて予報することが必要になります．このため，大気モデルと海洋モデルを結合し，大気と海洋間のエネルギーや運動量交換を考慮して，大気と海洋を一体として予測する「大気海洋結合モデル」が利用されています（図 4.7）.

4.3.1　3か月及び暖・寒候期予報と大気海洋結合モデル

大気の変動には，大気自身の力学的不安定などに起因する「内部変動」と海面水温や海氷などの境界条件の影響を受けて変動する「外部変動」があります．内部変動の代表的なものとしては，日々の天気を支配する移動性の高気圧や低気圧があげられます．これらの高気圧や低気圧は，緯度方向の気温の傾きに起因する大気内部の力学的不安定で発達しており，海面水温分布がどのように変動しようと関係なく，常に発達・衰弱を繰り返しています．また天候に大きな影響を与えるブロッキング現象もブロッキングが発生しやすいかどうかについては，潜在的に境界条件の影響をうけているとも考えられますが，個々のブロッキングの発生・消滅は大気の内部変動であるといわれ

ます．さらにジェット気流沿いに伝播する準定常ロスビー波束や北極振動などなども内部変動的な性質が強いものです．これら内部変動の予測は数値予報モデルにおいては，大気の初期値問題として扱われます．つまり初期状態が決まれば将来の状態も決まるということです．ところが大気にはカオス的な性質があることから，初期値に含まれる小さな誤差が予報時間とともに大きく成長するため，1か月先の長い時間の予測はほとんどできません．従って極端な表現をすると，3か月予報や暖候期・寒候期予報にとっては，前述の内部変動の多くは予測不可能な「ノイズ」という扱いになります．

一方外部変動は，エルニーニョ現象の影響に代表される海面水温の変動や海氷などの境界条件の影響を受ける大気の変動です．例えばエルニーニョ現象発生時には，平年とは異なった海面水温偏差分布が現れ，太平洋熱帯域における積雲対流活動域も平年の状態から偏ります．その結果，対流活動による大気の加熱の状況も平年から偏ることになりますので，熱帯の循環のみならず中緯度の大気循環も変化します．エルニーニョ現象は，赤道域における海洋の季節単位または年々の変動というゆっくりとした時間スケールで変化しており，数か月先までは予測可能です．従って，その影響を受ける大気の外部変動も予測可能というわけです．また熱容量の大きな海洋の変動は持続性が長いことから，その影響による大気の変動も持続性が長いと考えられます．このように季節単位〜年々の時間スケールでゆっくりと変動する海面水温などの境界条件の影響による大気の外部変動は，3か月予報や暖候期・寒候期予報にとっての「シグナル」となります．

つまり，3か月予報や暖候期・寒候期予報は，大気の変動のうち外部変動という「シグナル」を頼りに，内部変動による「ノイズ」の大きさも含めて予測することなのです．この「シグナル」を予測するためには熱容量が大きく，ゆっくりとした動きの海洋の変動を予測することが本質的に重要なこととなります．ところがこの海洋の変動もまた大気の変動の影響を受けますので，長い先までの気候システムの予想を行うには，大気と海洋間のエネルギーや運動量などの物理量の交換を考慮して大気と海洋を一体として予測する「大気海洋結合モデル」が必要というわけです．

気象庁では2010年2月に，3か月予報及び暖候期・寒候期予報のために

大気の変動と海洋の変動を的確に表現する大気海洋結合モデルを用いて予測を行う「季節アンサンブル予報システム」を導入しています．

4.3.2 「季節アンサンブル予報システム」の概要

　大気海洋結合モデルは大気モデルと海洋モデルから構成されています（図4.8）．大気モデルの水平解像度は 1.875 度（約 180km）で，鉛直方向は 40 層（上端は 0.4hPa）となっています．海洋モデルの水平解像度は東西方向に 1 度（約 100km），南北方向に 0.3～1 度（約 30～100km）で，赤道に近いほど解像度が良くなっています．また鉛直方向は水深によって変わりますが最大 50 層となっており，海面に近いほど間隔が狭く解像度が良くなっています．なお海洋モデルの計算領域は 75°N～75°S で，それより極側の領域については気候値の海面水温を大気モデルに与えるという方法です．大気海洋結合モデルでは，大気モデルの方は海洋モデルから海面水温の情報を受け取り，海洋モデルには海面における熱・運動量・淡水フラックスを与えています．このような大気モデルと海洋モデルの結合は 1 時間に 1 回行われます．

　「季節アンサンブル予報システム」では，アンサンブルメンバー数は 51 です．ただし 1 か月予報と違い，一つの初期値日で行うのではなく，複数の初

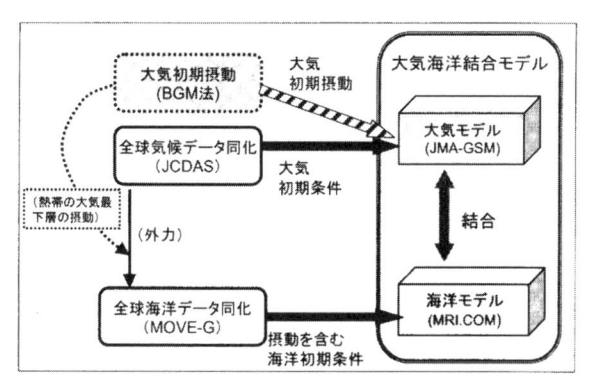

図4.8　大気海洋結合モデルの模式図（気象庁提供，2010）

期値日で予測計算した結果を組み合わせる LAF 法（Lagged Average Forecasting method）で行っています．つまり，6 初期値日の予測結果を用いて 51 メンバーのアンサンブル予報としています．

　この大気海洋結合モデルは，エルニーニョ現象発生時に，直接的に海面水温の変化が現れる中部〜東部太平洋赤道域の海面水温や，エルニーニョ現象の影響を受けて変動する西部太平洋熱帯域，インド洋熱帯域，大西洋熱帯域の海面水温の予測精度が良くなっています．また，熱帯域の降水量の予測精度が大きく向上し，特に日本の夏の天候に大きく影響するアジアモンスーン域の降水量の予測精度が著しく向上しています．さらに，熱帯だけでなく，中緯度の帯状平均高度場の予測精度も向上していることから，3 か月予報及び暖候期・寒候期予報の精度が飛躍的に向上しています．

5. 長期予報ができるまで

今日では，すべての長期予報が力学的手法によるアンサンブル予報資料を基にして作られています．したがって，予報の作成方法としては短期予報や週間天気予報と同じように，数値予報モデルによって予想された循環場やその他の予想資料を正確に解釈して，天候の予想を行います．

気象庁では部内での予報作業に利用するとともに，気象事業者の予報作業を支援する目的やユーザーの理解を助けるため，FAX形式で長期予報のための資料を公開しています．これらの資料は「1か月予報資料 (1) 〜 (6)」，「3か月予報資料 (1) 〜 (10)」そして「暖候期・寒候期予報資料 (1) 〜 (4)」となっています．なお，FAX資料以外にアンサンブル予報の格子点値 (GPV) や統計値なども気象業務支援センターを通して公開されています．以下には1か月予報，3か月予報，暖候期・寒候期予報の大まかな予報作成の流れを見てみます．

長期予報ができるまでの凡その作業の流れは図5.1のようになります．

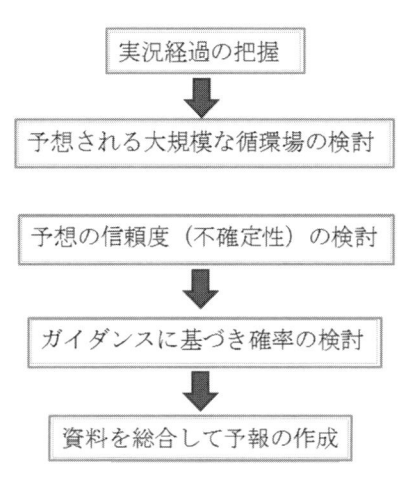

```
実況経過の把握
    ↓
予想される大規模な循環場の検討
    ↓
予想の信頼度（不確定性）の検討
    ↓
ガイダンスに基づき確率の検討
    ↓
資料を総合して予報の作成
```

図5.1 長期予報作業の大まかな流れ

5.1 1か月予報

1か月予報は向こう1か月間の天候，平均気温や降水量及び日照時間が平年に比べてどのようになるかを予報します．1か月平均状態のほかに，第1週目，第2週目，第3・4週の三つの期間に細分した予報が発表されています．なお，この区分以外の期間の刻みやこれ以上に細分した予報は発表されません．もちろん向こう1か月間の日を単位した予報は行っていません．たとえば，10日目から5日間平均の予報とか，あるいは20日目の予報などは発表されません．

5.1.1 予報のための実況の把握

短期予報・長期予報に関わらず，これから先の予報を行うにはまず現在の状態や，過去から現状に至るまでの経緯をできるだけ正確に把握しておくことが基本です．つまり予報作業における最初の段階は実況経過の把握ということになります．1か月予報においては，最新の資料に基づき過去1か月程度の天候経過，およびそのような天候経過をもたらした循環場の実況や経過を把握しなければなりません．そのための資料として実況解析図があります（図5.2）．この資料を基に500hPa高度及び偏差図，850hPa温度及び偏差図，海面気圧及び偏差図の解析をします．図5.2は1か月予報発表日までの過去1か月間（週を単位としていますので正確には4週間ですが，以後1か月平均として扱います）の気象経過をこの1枚にコンパクトにまとめているものです．またこの資料はアンサンブル予報の検証にも使われます．

この図の上段は北半球500hPaの高度・高度偏差場，中段は極東域850hPaの温度・温度偏差場そして下段は極東域の海面気圧・気圧偏差場です．また横方向に4つの図が並んでいますが，左端から順に初期値の前の過去4週間，2週前の1週間，1週前の1週間そして初期値の直前の過去2週間のそれぞれの期間の平均図となっています．

これら500hPa高度場，850hPa温度場そして海面気圧分布を立体的に解

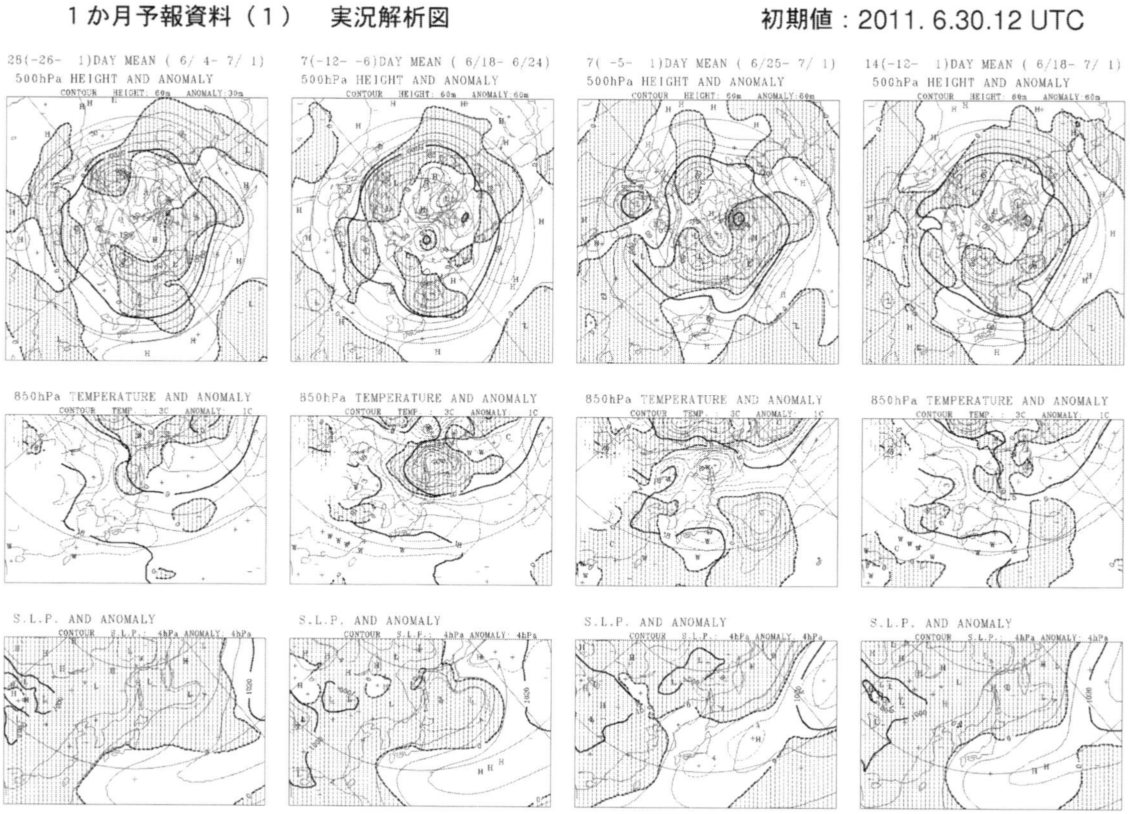

5. 長期予報ができるまで

1か月予報資料（1）　実況解析図　　　　　　　　　初期値：2011.6.30.12 UTC

図5.2　1か月予報資料（1）「実況解析図」（気象庁提供）

析して，過去1か月間の循環場と天候の関係を矛盾なく解釈し，予報の出発点である初期値としての大気の状態を把握します．また，この循環場の実況を前回までの予報結果と突き合わせて，その時点でのアンサンブル予報モデルのクセ（系統的な偏りや誤差など）についても理解しておきます．

500hPa天気図の解析にあたっては，高度場の特徴に着目することはもちろんですが，高度偏差場と天候との関係も確認する必要があります．高度偏差が負の領域は500hPa高度が平年より低いところですので，平年より低温の空気が入っていると解釈できますし，地上付近の気温も平年より低くなっていると考えます．一方正偏差の領域は，平年より暖かい空気に覆われていると解釈します．

850hPa温度場も同じような観点で解析します．特に850hPa面の温度分布や温度偏差場は，500hPa高度場・高度偏差場よりも地上付近の気温分布との対応が良いので参考になります．

海面気圧場はその期間の気圧配置の総合された状態といえます．高気圧に覆われる日が多ければ高圧場となり，偏差場では正偏差域として反映されます．一方，低気圧や前線の影響が多ければ，負偏差域となります．

5.1.2 予想される循環場の検討

天候の予想に当たっては，はじめに予想される大規模な循環場を把握することです．そのための資料としては，アンサンブル平均予想図があります(図5.3)．上から500hPa高度場，850hPa温度場及び海面の気圧配置と降水量のアンサンブル平均予想図です．これはアンサンブル平均図ですので，将来の循環場として最も実現する可能性の高い推定値というわけです．それぞれの図の解析や着目点については，前節の「実況」の解釈と同じです．また横方向に4つの図が並んでいますが左から順に，1か月平均図（発表日の翌日から数えた4週間平均ですが，これを1か月平均とします），続いて第1週目の7日平均図，第2週目の7日平均図，そして後半の2週間平均図となっています．現在のところ，予測精度等を勘案して後半の3週目および4週目については1週間平均ではなく，まとめて3〜4週目の2週間平均とし

5. 長期予報ができるまで

1か月予報資料（2）　アンサンブル平均図　　初期値：2011.6.30.12 UTC

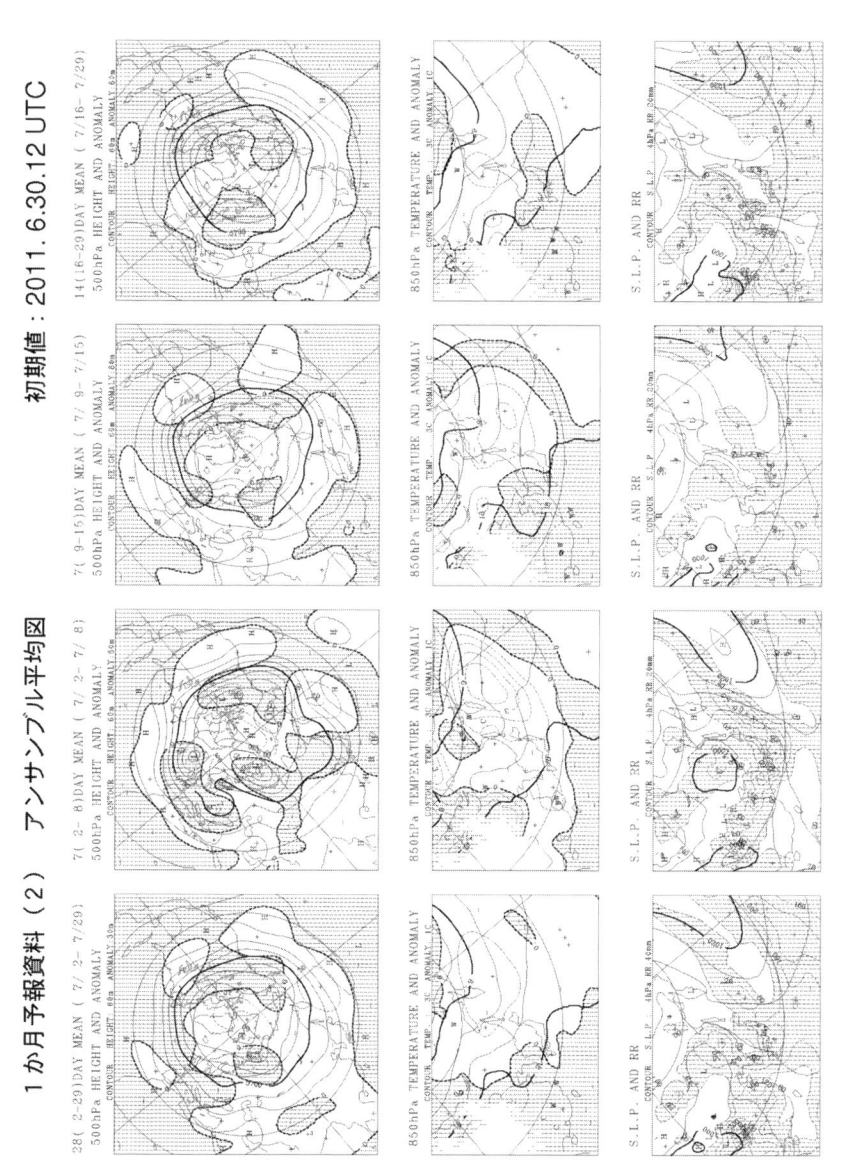

図5.3　1か月予報資料（2）「アンサンブル平均図」（気象庁提供）

ています．

　まず1か月平均の500hPa予想図を解析して予報期間の1か月間の特徴を把握します．日本付近が正偏差に覆われるのか負偏差場の中に入るのか，あるいは大規模なリッジやトラフが日本の西側に位置するのか東側か，その強さが平年に比べて強いのか弱いのかなどに着目します．つまり向こう1か月間の天候を支配する作用中心の特徴を把握するということです．また長期予報では予想される天候の各要素が，平年に比べてどの程度の偏りになるかを予報しますので，500hPa循環場の解析にあたっても偏差図の解析は重要です．高度偏差が負の領域は500hPa高度が平年より低いところですので，平年より低温の空気入っていると解釈できますし，地上付近の気温も平年より低くなっていると考えます．一方正偏差の領域は，平年より暖かい空気に覆われていると解釈します．

　図5.3の中段の図を見てみます．1か月平均の850hpaの温度場では沖縄・奄美地方を除いて正偏差に覆われており，特に北海道東海上で顕著な正偏差となっています．つまり1か月平均としては平年より暖かい空気に覆われます．

　図5.3の下段の図を見てみます．各予報期間内の平均海面気圧と降水量が合わせて示されています．毎日の気圧配置は高・低気圧の通過や前線などにより細かく変化するので，期間を通してこのようなパターンが継続するわけではないことに注意が必要です．この平均海面気圧の分布は，それぞれの期間に現れるこれらの擾乱を平均したものですので，この期間の平均総合的な天候ベースを判断する材料となります．

5.1.3　予報の信頼度を吟味

　1か月予報では，大気のカオス的性質による予測の不確実性，すなわち数値予報結果の信頼度を検討する必要があります．信頼度を検討する資料としては，「スプレッド空間分布図および高偏差確率図」（図5.4）と「各種時系列図」（図5.5）を用います．

5. 長期予報ができるまで

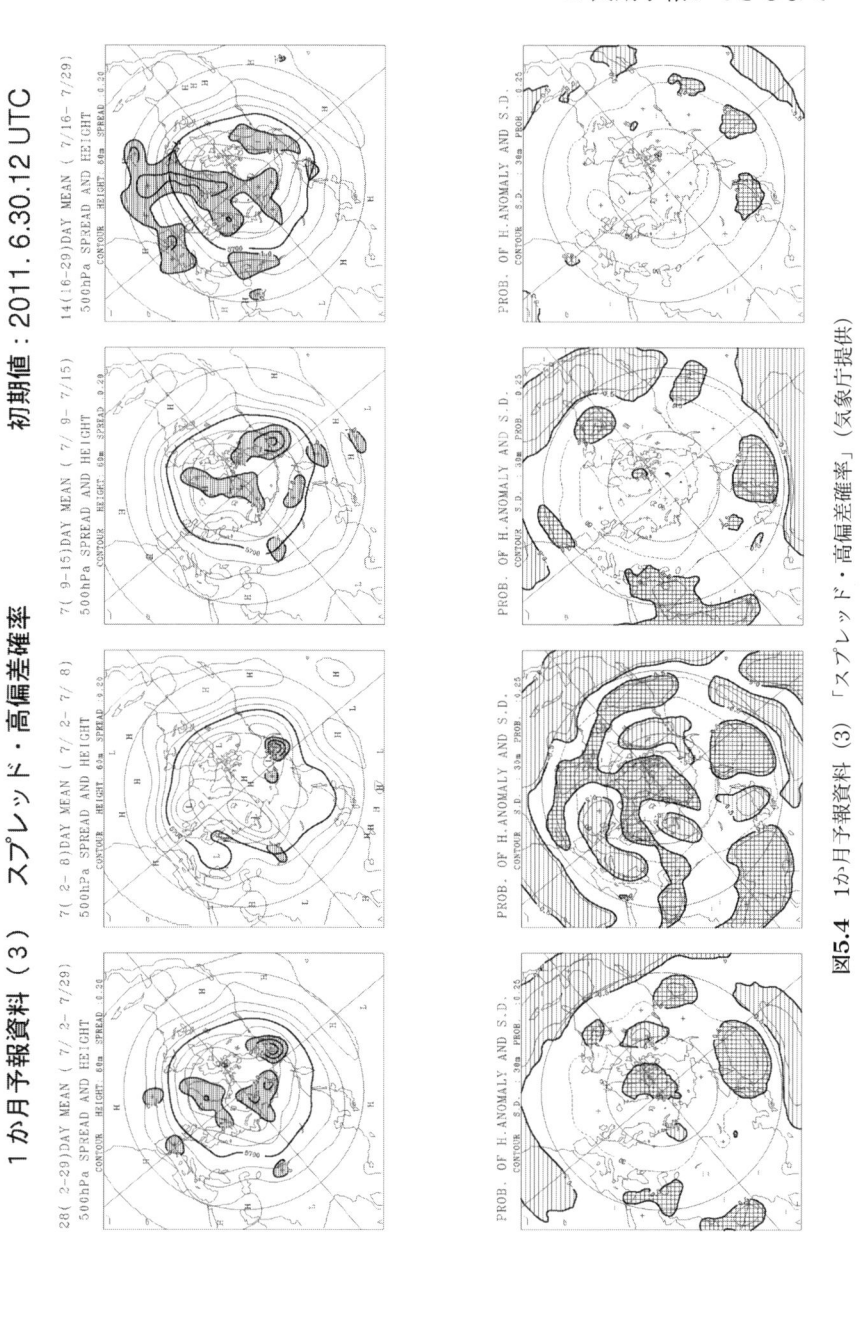

図5.4 1か月予報資料 (3) 「スプレッド・高偏差確率」(気象庁提供)

(a) スプレッドについて

スプレッドは，アンサンブルメンバー間の予報結果のばらつきの度合いを示す量で，スプレッドの大きさにより予報の不確定性に関する情報を得ることが出来ます．スプレッドが小さい領域はメンバー間のばらつきが小さいことで，予報の信頼度が高いことを，一方スプレッドが大きい領域はばらつきが大きく，予報の信頼度が低いことを表しています．

スプレッド (S) については「4.2.2 アンサンブル予報から得られる情報 (b) 予報精度の予報」を参照して下さい．

ところで実際の予報作業においては，何を基準としてスプレッドが大きい，あるいは小さいとの判断をするかといえば，気候値予報（気候値がそのまま出現すると見なした予報）の誤差と比較して判断します．つまり気候値の標準偏差と比較してスプレッドが大きいか小さいかが信頼度の情報となります．具体的には 4.2.2 (b) の式で求めたスプレッド S を気候値の標準偏差で規格化した値を図 5.4 の空間分布図および図 5.5 の時系列図として表示しています．したがって，アンサンブル予報の信頼度は S = 1 を基準に判断します．S の値が 1 程度であれば，アンサンブルメンバー間のバラツキは自然の変動の標準偏差程度（気候値程度），1 より小さい場合はメンバー間のバラツキは気候値より小さいので，信頼度が高い予報であると解釈されます．反対に，S が 1 より大きい場合はバラツキが大きく，その予報の信頼度は低いということになります．

スプレッドが小さいということは，対象としている大気の状態が数値予報にとって比較的安定していることを意味し，予報の信頼度は高いと判断します．逆に，スプレッドが大きい場合には，その予報の信頼度は低いと判断しますが，スプレッドが大きい場合でも，予報の信頼性が低いことを理由に予報が出来ないわけではありません．その予報の信頼度を理解して予報を作成することが出来ます．

図 5.4 の上段の図がスプレッドの分布図です．この図には，アンサンブル予報による 500hPa 高度場の等値線も重ねて描かれています．これはどのような要因でスプレッドが大きくなっているのかを判断するのに利用するためです．例えば偏西風帯のジェットの位置の予報にバラツキがあるためなのか，

5. 長期予報ができるまで

あるいはブロッキング高気圧の予想の違いによるのかなどが推定できます．

スプレッドの検討では，上記の空間分布のほかに，北半球全体平均および日本付近平均のスプレッドの時間変化についても検討します．図5.5の右側の中段には北半球および日本域のスプレッドの時系列図が掲載されています．この図には7日移動平均値と28日間移動平均値が示されています．なお28日間移動平均値は図中の短い太実線で，これが月平均スプレッドを意味します．この図の縦軸は前述のように求めた気候値の標準偏差で規格化された値ですので，スプレッドの値が1.0のところが自然の変動と同じ程度のばらつきを示しています．一般に時間の経過と共にスプレッドが大きくなっており，1よりも大きくなった所からは信頼性が小さいと判断します．

また図5.5には4地域別の850hPaの気温および主な循環指数の予想結果が，実況の経過と共に示されています．これらの図には全てのアンサンブルメンバーの予測結果が重ねて示されており，同時にアンサンブル平均も示されていますので，視覚的に予報のばらつきの推移を判断することができます．図の中央付近にある太い縦線が初期値の位置ですが，いずれの予想結果も2週目頃からアンサンブルメンバーの拡がりの幅が大きくなっていくのが見られます．各アンサンブルメンバーがあたかもスパゲティーのように絡み合って見えることから，こうして表示された図はスパゲティーダイアグラムともよばれます．スパゲッティのまとまり具合が予報の不確定性を表すスプレッドに対応しています．アンサンブル平均は太い実線で示されていますが，これは全てのメンバーの平均であり，最も確からしい推定値ということになります．

(b) 高偏差確率について

長期予報では予測される500hPa高度場が平年に比べて，どの程度の大きさの偏りがあるかということは重要な情報で，特に大きな偏差（正・負）の起こる可能性の程度，すなわち高偏差となる確率を把握することは重要なところです．高偏差生起確率とは，予想される500hPa高度偏差が自然の変動（気候値）の標準偏差の0.5倍を閾値として，これを超える確率を表したものです．この確率は，単純に全てのアンサンブルメンバーのうち，いくつの

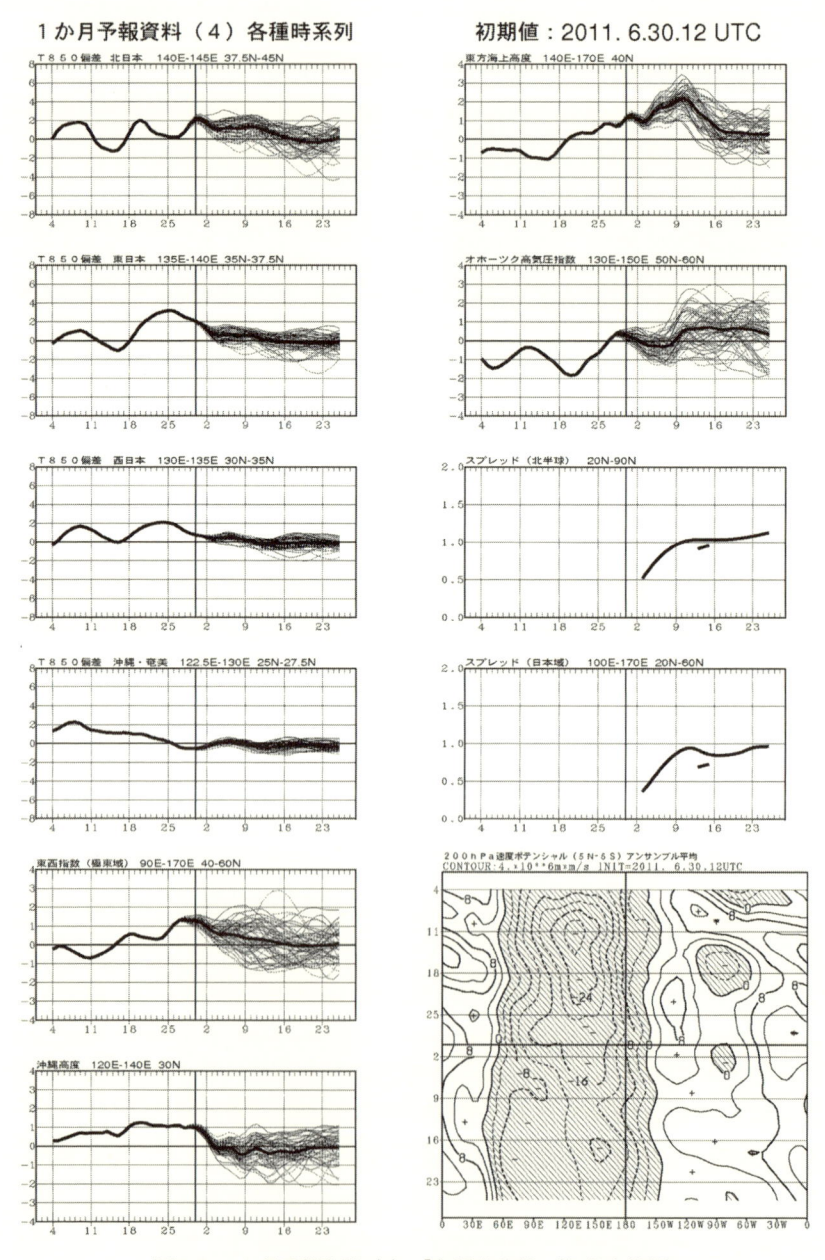

図5.5 1か月予報資料（4）「各種時系列」（気象庁提供）

5. 長期予報ができるまで

メンバーが閾値を超えているかを相対度数で表しています．この確率値が大きい格子点ほど高偏差となる可能性が高いことを示しており，確率予報のための資料のひとつでもあります．図の中で＋印で示す影の領域は大きな正の偏差確率を，－印の影の領域は大きな負の偏差確率を意味しています．

5.1.4　熱帯の対流活動の動向

図5.5の右側の最下段の図は，熱帯域で卓越する大規模な対流活動の東西方向の動きを200hPaの風の場（発散）として見たもので，200hPaの速度ポテンシャルのアンサンブル予想結果が示されています．この図は，赤道をはさんで北緯5度〜南緯5度の緯度幅で平均した速度ポテンシャルの時間経度断面図で，縦軸に時間（日）を上から下へ，横軸に経度（0〜90E〜180〜90W〜0）を東向きにとった経度時間断面図です．したがって，等値線や陰影の領域が左上から右下に伸びていれば時間と共に対流域などの現象が東へ移動していることを，または右上から左下に伸びていれば現象が西へ移動していることを意味します．また傾きがなく，ほとんど鉛直に立っていれば定常的で動かないことを意味します．

5.1.5　ガイダンス資料の解釈

アンサンブル予報として得られた結果は大気の循環場を表す格子点上のデータとして出力されますが，直接天気や気温などを予報しているわけではありません．そこで，この膨大な循環場のデータから気温や降水量などの具体的な予報内容に関する情報を抽出し，天気や気温など最終製品に近い実際の天気に客観的に翻訳するための一種の統計モデルがガイダンスです．予報者が予報を作成する際の客観的な予報支援資料ともよばれます．ガイダンスの基本概念は，過去のデータセットに基づき循環場の状態とその時の気温や降水量などの統計的関係を作成しておき，その関係式に数値予報で予想されたGPV（格子点値）を適用して，天気や気温などを予想しようとするものです．

長期予報のガイダンスの中で天気日数については,晴れ日数,降水日数,雨日数のそれぞれの平年差と平年の日数を示してあります.「晴れの日」や「降水日数」そして「雨日数」は,長期予報のガイダンスの中では次のように定義して適用しています.「晴れの日」は日照時間を可照時間で割って日照率を求め,日照率の40%を閾値として,日照率が40%以上の日と定義しています.また「降水日数」とは,日降水量が1ミリ以上の日の合計とし,「雨日数」とは日降水量が10ミリ以上の日の合計としています.

　前節までの1か月予報資料 (1)〜(4) について検討した結果,大規模な循環場の状態が把握され,大まかな天候経過が想定されたことになります.次の段階は,循環場の予想を念頭におきながらガイダンス資料（図は省略）をもとに気温,降水量,日照時間などの要素別予報を検討していくことになります.

5.1.6　資料を総合して予報の作成

　前節で個々に検討したアンサンブル予想資料を総合して予報を作成することになります.なお,各資料の注目すべきポイントや解釈について,そして予報の大筋などについては「全般季節予報支援資料」としてFAXで配信されますので,それらを基に資料の解釈を深め,予報について考えることができます.

5.2　3か月予報

　これまで述べてきたように,長期予報という分野には1か月先を予報する1か月予報,それより先を予報する3か月予報や暖候期・寒候期予報がありますが,予報の原理的な部分では,1か月予報と3か月予報や暖候期・寒候期予報は違うものです.1か月予報は,どちらかといえば短期予報や週間天気予報等と同じように,大気だけの初期値問題というところですが,1か月を超える予報では,海面水温や海氷あるいは積雪面積などのように,大気に

5. 長期予報ができるまで

比べて比較的ゆっくり変動する境界条件というシグナルを頼りに行う境界値問題であるということです．したがって，エルニーニョ／ラニーニャ現象等のような大気と海洋の変動を併せて予報することが必要で，大気と海洋を一体として予測する「大気海洋結合モデル」を用います．以下には，大気海洋結合モデルによるプロダクトとして，FAX 配信されています「3 か月予報資料」と「暖候期・寒候期予報の資料」の解釈や発表された予報を正しく理解するための資料の見方などについて記述します．

　予報を考える上においては，先にも述べたようにまず現在の状態やこれまでの経緯をできるだけ正確に把握しておくことが基本です．特に 3 か月予報や暖候期・寒候期予報の場合には，大気の循環場だけでなく海面水温などの境界条件や，境界条件と大気の相互関係についての理解は最も重要な点です．

　3 か月予報資料として FAX 図により提供されているのは，統計予測資料としての「最適気候値予報（OCN）」の他はすべて「大気海洋結合モデル」によるアンサンブル予報資料です．

5.2.1　統計予測資料

　統計予測資料としては，「3 か月予報資料 (1)」：最適気候値法（Optimal Climate Normals：以下 OCN とします）に基づく気温と降水量の予測値があります．この手法は，近年の気候的特徴（たとえば暖冬傾向など）が今年も続くと仮定する持続予報の一種です．気温や降水量の過去データを用いて長期的なトレンドや数十年スケールの変動を把握し，それを延長して予報とする方法です．具体的には，月ごとのデータを用いて予測対象月の過去何年間かの気温平年差や降水量平年比の平均値をそのまま当年の予測値とするものです．きわめて簡便な経験的手法ですが，秋や冬の気温のように気候のトレンドやジャンプが明瞭な要素については比較的有効な方法です．

　OCN 手法による予測対象は，各地域の月平均気温と 3 か月平均気温，月降水量と 3 か月降水量の平年差 (比) です．現在は予測対象年の前 10 年間の観測値の平均を予測値としています．その予測値の属する階級をカテゴリー表現の予測値とし，10 年間の階級別出現率を確率表現の予測値として

います．対象地域は，全般予報で用いる北日本から沖縄・奄美までの4つの大区分ごとの地域平均のほかに，それぞれの地域の中を気候特性によって，さらに細かく区分してあります．太平洋側と日本海側あるいは北部と南部などのように30の地域に細分して，合計34の地域平均を対象として作成しています．

OCN手法の予測精度はリードタイムによって変わりません．したがって，月平均気温や月降水量予報のスキルは予報期間の1か月目，2か月目，3か月目とも同じです．このように予測精度がリードタイムによって変化しないことは，数値予報の精度が落ちてくる2か月目，3か月目において，OCN手法による予測資料がより有用となることを示しています．

5.2.2 熱帯・中緯度実況解析図と予想資料

(1)「3か月予報資料 (2)」：熱帯・中緯度実況解析図

海面水温と大気大循環の関係を中心とした実況を把握するための資料です（図5.6）．同時にこれは数値予報の検証にも利用します．

いちばん上の段は海面水温偏差図，2段目は200hPaの速度ポテンシャルとその平年偏差図，3段目は200hPaの流線関数とその平年偏差図，そして4段目は850hPaの流線関数とその平年偏差図です．それぞれ左側は予報発表月を含む過去3か月の平均図で，右側は同じく過去1か月の平均図となっています．各図とも陰影部分は負偏差を表しています（速度ポテンシャルは発散偏差が負，流線関数は北半球で低気圧性循環偏差が負となります）．

最下段の図は赤道域における時間－経度断面図で，左から海面水温（Sea Surface Temperature：以下SSTとします）偏差，海洋貯熱量（Ocean Heat Content: 以下OHCとします）偏差，東西風応力偏差図です．この図において赤道域としては，SST偏差は5N～5S，OHC偏差は0.3N～0.3S，東西風応力偏差0.15N～0.15Sの範囲としています．OHCは海洋に蓄えられている熱量の指標で，海面から深さ300mまで鉛直方向に平均した水温と定義しています．OHCを監視することにより，SST偏差の実況や予測とエルニーニョ/ラニーニャ現象との関係を捉えることができます．例えば太

5. 長期予報ができるまで

3か月予報資料（2） 熱帯・中緯度実況解析図（一部予報値含む）　初期値：2010.11.12.00 UTC

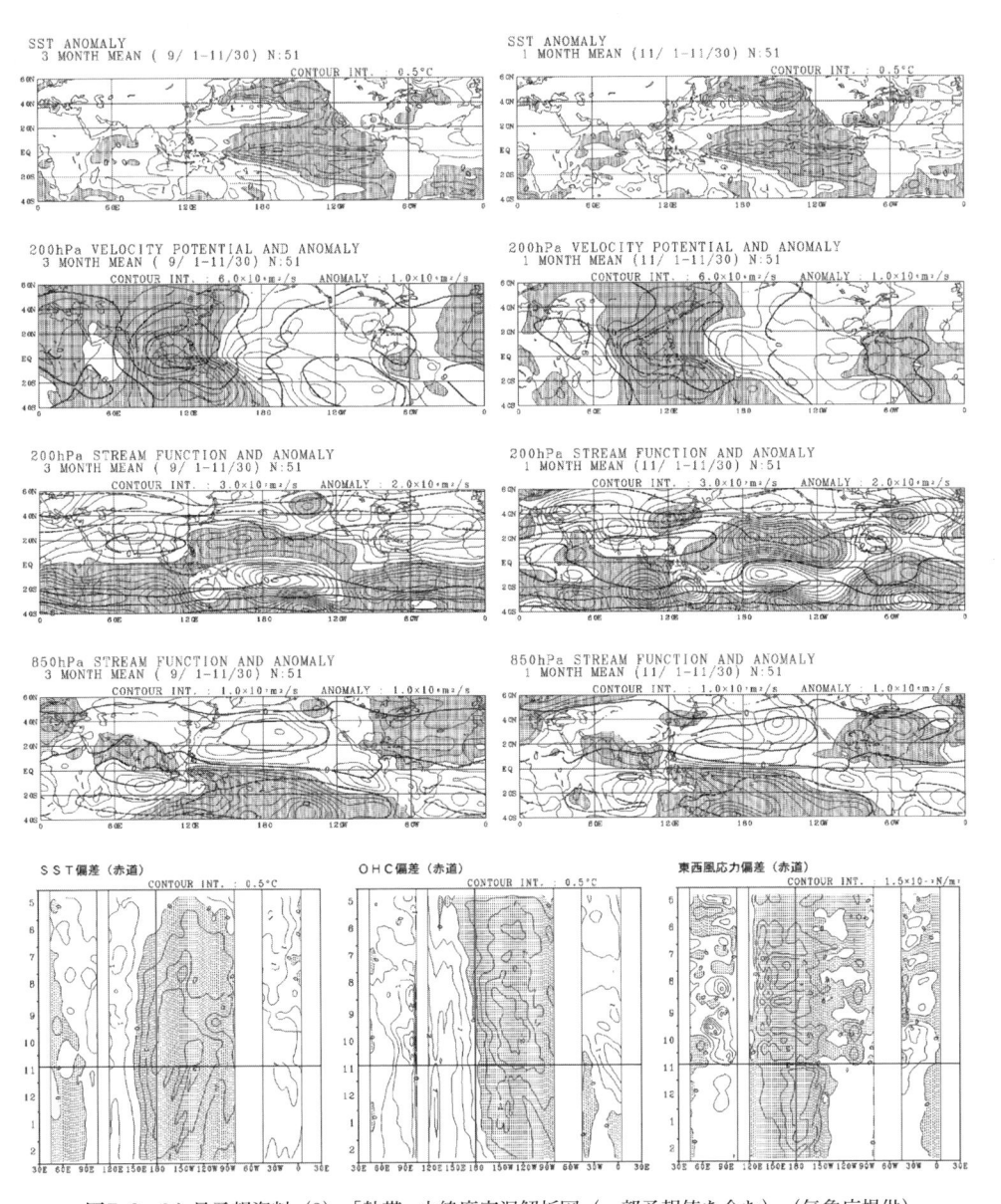

図5.6　3か月予報資料（2）「熱帯・中緯度実況解析図（一部予報値を含む）」（気象庁提供）

平洋赤道域におけるOHCの正偏差域の東進は，エルニーニョ現象の発生や発達あるいはそれを持続させることに関係しているからです．またOHC偏差の変動には風の応力の東西風偏差が寄与しており，正（西風）偏差はOHC偏差の正偏差を，負（東風）偏差はOHC偏差の負偏差を励起する要因となっています．太平洋赤道域やインド洋赤道域のSSTの変化の特徴を把握し，風の応力の変動に伴うOHCの変動やSSTの変動を予測するのがこの資料です．

(2)「3か月予報資料（3），（4）」：熱帯・中緯度予想図

「3か月予報資料（3），（4）」は，SST偏差に対する熱帯及び中緯度大気の応答を把握するための資料です．「予報資料（3）」には，予報期間の3か月平均予想図と1か月目の月平均予想図が（図5.7)，「予報資料（4）」には2か月目と3か月目の月平均予想図が掲載されています（図は省略）．

1段目に海面水温（SST）平年偏差，2段目に熱帯域の非断熱加熱偏差の予測を把握するための降水量平年偏差，3段目に200hPaの速度ポテンシャルとその平年偏差そして4段目と5段目に200hPaと850hPaの流線関数とその平年偏差となっています．それぞれアンサンブル平均です．各図とも陰影部分は負偏差を表しており，速度ポテンシャルは発散偏差が負，流線関数は北半球での低気圧性循環偏差が負となっています．

(3)「3か月予報資料（5）」：熱帯・中緯度　高偏差確率・ヒストグラム・各種時系列図（図5.8）

①左上の2段：SST高偏差確率・降水量高偏差確率の分布図

SSTと降水量の確率的な予測情報を把握するための資料です．予測されたSST偏差と降水量偏差の絶対値が解析値の標準偏差の0.43倍を超えた場合を高偏差と定義して，アンサンブルメンバーのなかで，この閾値を超えた割合を示しています．その割合が50％以上の領域に陰影をほどこしています．

②右上の3段：熱帯域SST偏差・降水量偏差・帯状平均500hPa高度偏差のヒストグラム

5. 長期予報ができるまで

3か月予報資料（3）熱帯・中緯度予想図（3か月・月別）　　初期値：2010.11.12.00 UTC

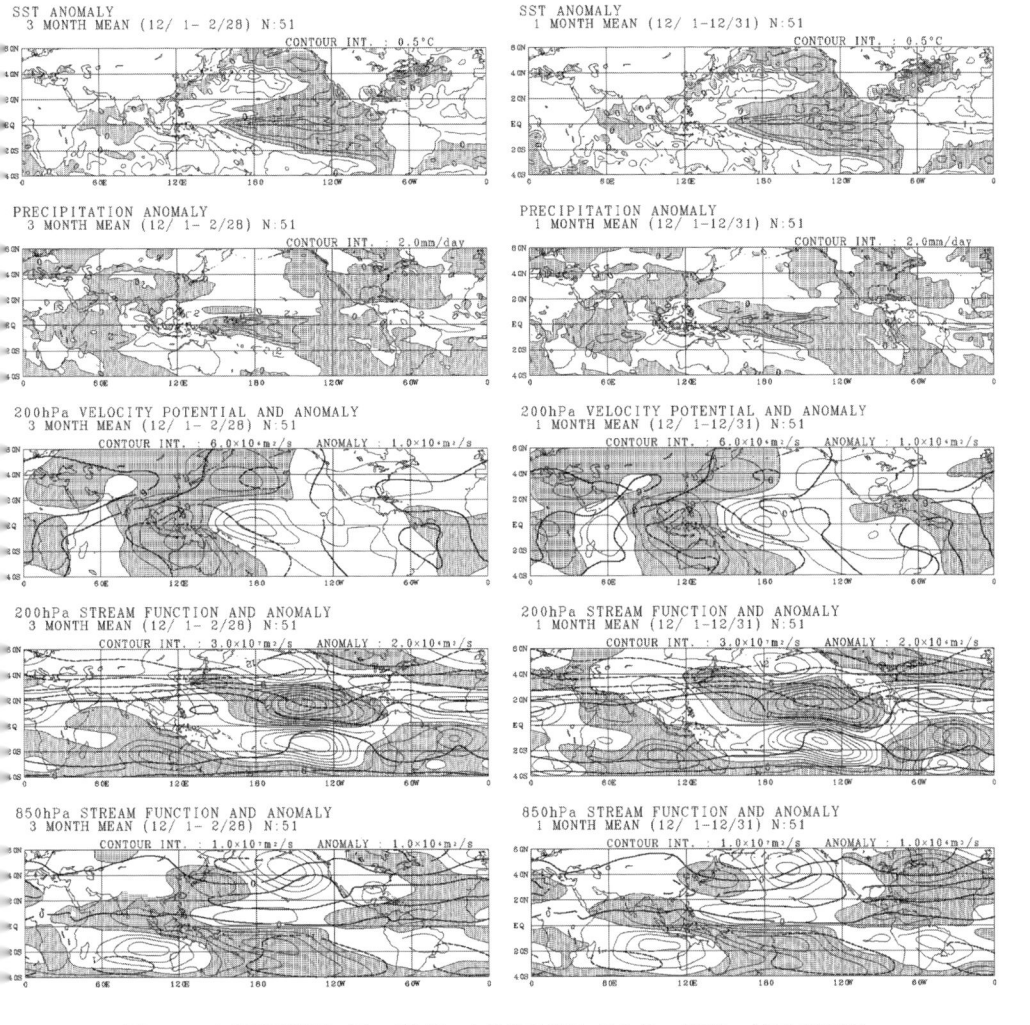

図5.7　3か月予報資料（3）「熱帯・中緯度予想図（3か月・月別）」（気象庁提供）

111

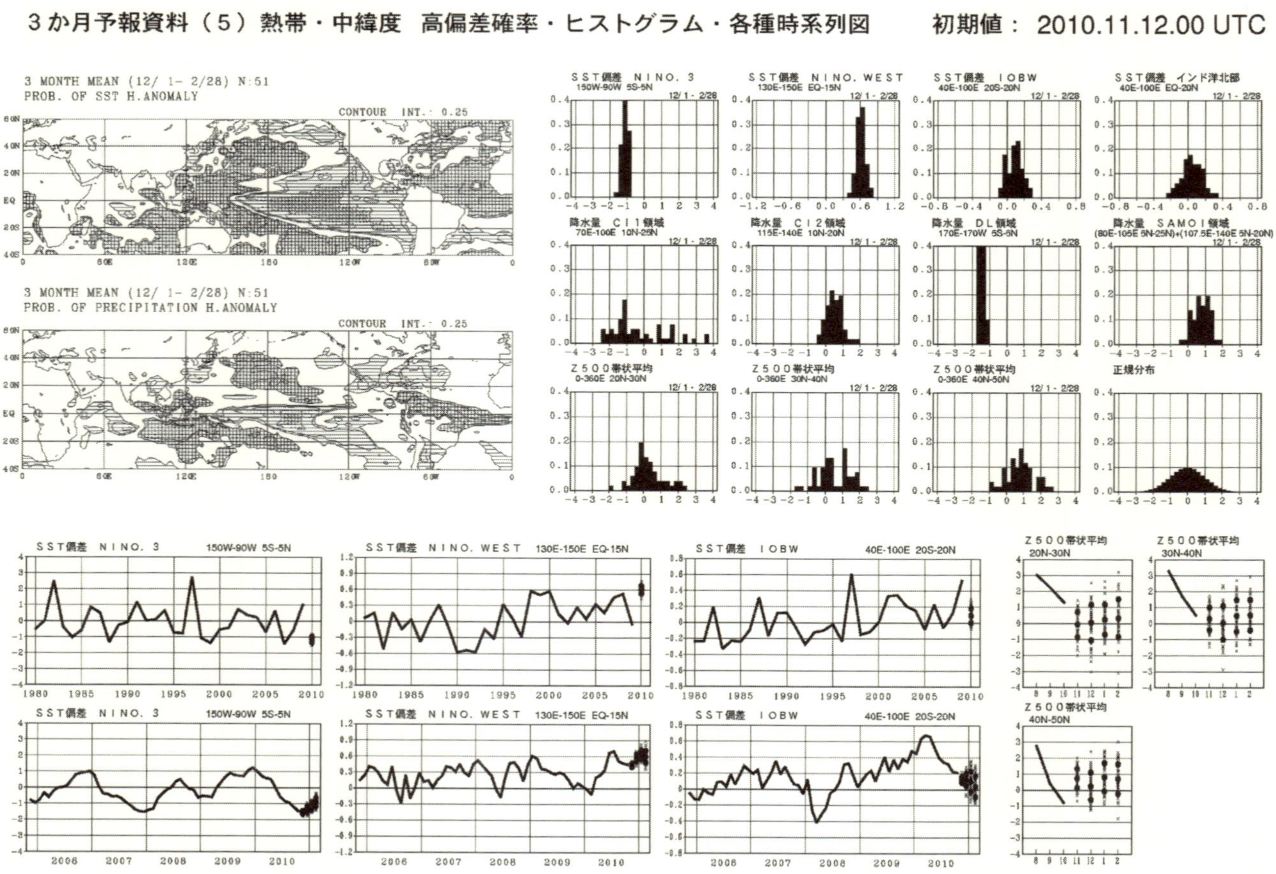

3か月予報資料（5）熱帯・中緯度 高偏差確率・ヒストグラム・各種時系列図　　初期値：2010.11.12.00 UTC

図5.8　3か月予報資料（5）「熱帯・中緯度 高偏差確率・ヒストグラム・各種時系列図」（気象庁提供）

112

5. 長期予報ができるまで

日本の天候と比較的相関の高い熱帯域の SST 及び降水量の確率的な予測を把握するための資料，及び北半球規模のジェット気流の北偏・南偏や亜熱帯高気圧の強さなどと関連する 500hPa 高度偏差の北半球帯状平均の確率的な予測を把握する資料です．ヒストグラムは階級に入るアンサンブルメンバーの全体に対する比率です．

③下から 2 段の 3 枚の図：熱帯域 SST 偏差時系列図

海洋の長期変動を考慮したうえで，予測される SST 偏差を解釈するための資料と，最近のエルニーニョ/ラニーニャ現象等の発生状況やそれに伴うインド洋の SST 変動を把握するための資料です．

④右下の 3 枚の図：北半球帯状平均 500hPa 高度偏差時系列図

月別に帯状平均場の変動の傾向を把握するための資料です．

5.2.3　北半球実況解析図と予想資料

(1)「3 か月予報資料 (6)」：北半球実況解析図

北半球循環場の実況を把握し，数値予報の検証にも利用する資料です（図5.9）．

この図の上段は北半球 500hPa の高度及び偏差場，中段は極東域 850hPa の温度及び偏差場そして下段は極東域の海面気圧及び偏差場です．また横方向に 4 つの図が並んでいますが，左端から順に予報発表月の前の過去 3 か月平均，予報発表月を含む過去 3 か月平均，予報発表月の前の 1 か月平均そして予報発表月の 1 か月平均図となっています．いずれの図も偏差が負の領域（平年に比べて低い）に陰影をつけています．これら 500hPa 高度場から 850hPa 温度場そして海面気圧分布を立体的に解析して，4 か月間の循環場と天候の関係を矛盾なく解釈し，予報の出発点である初期値としての大気の状態を把握します．また，この循環場の実況を前回までの予報結果と突き合わせて，その時点でのアンサンブル予報モデルのクセ（系統的な偏りや誤差など）についても理解しておきます．

3か月予報資料（6）北半球実況解析図（一部予報値含む）　　　初期値：2010.11.12.00 UTC

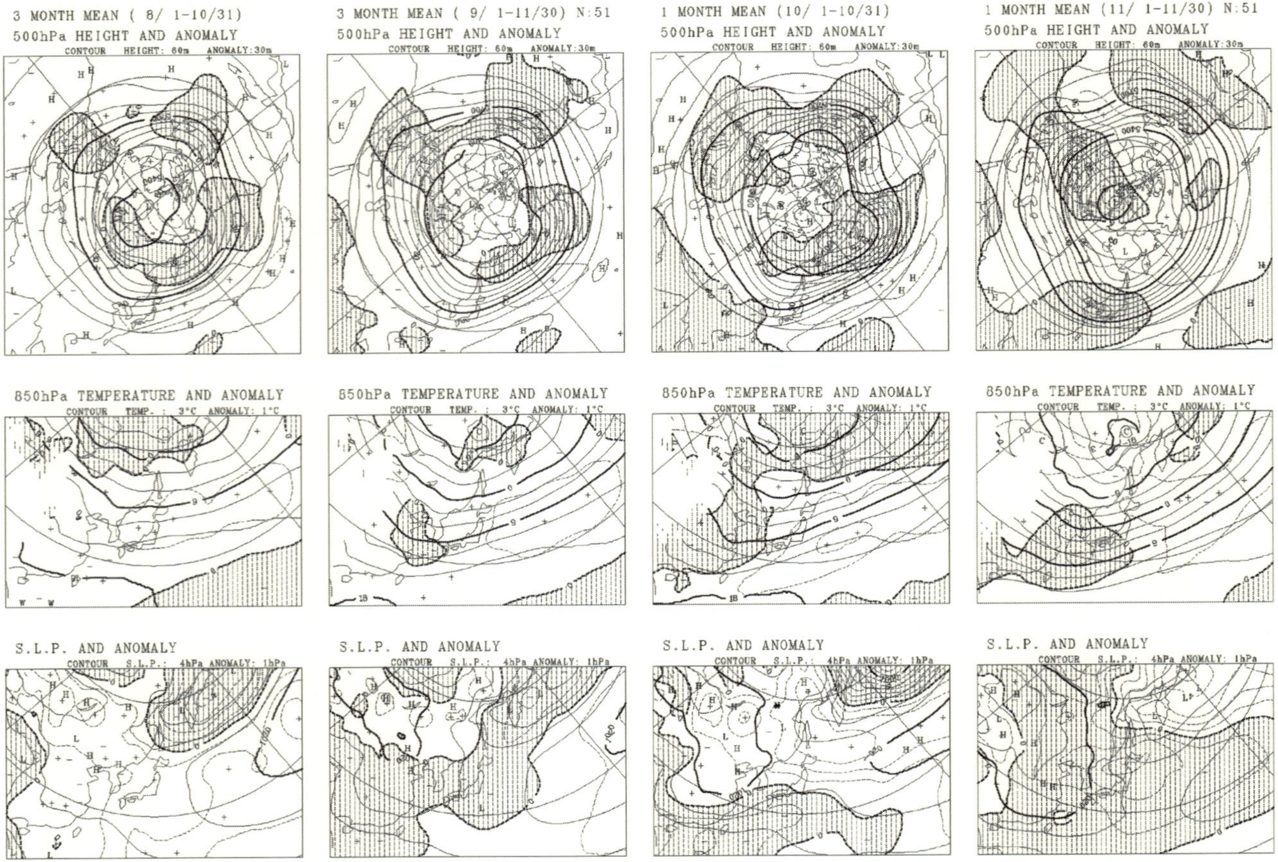

図5.9　3か月予報資料（6）「北半球実況解析図（一部予報値を含む）」（気象庁）

114

5. 長期予報ができるまで

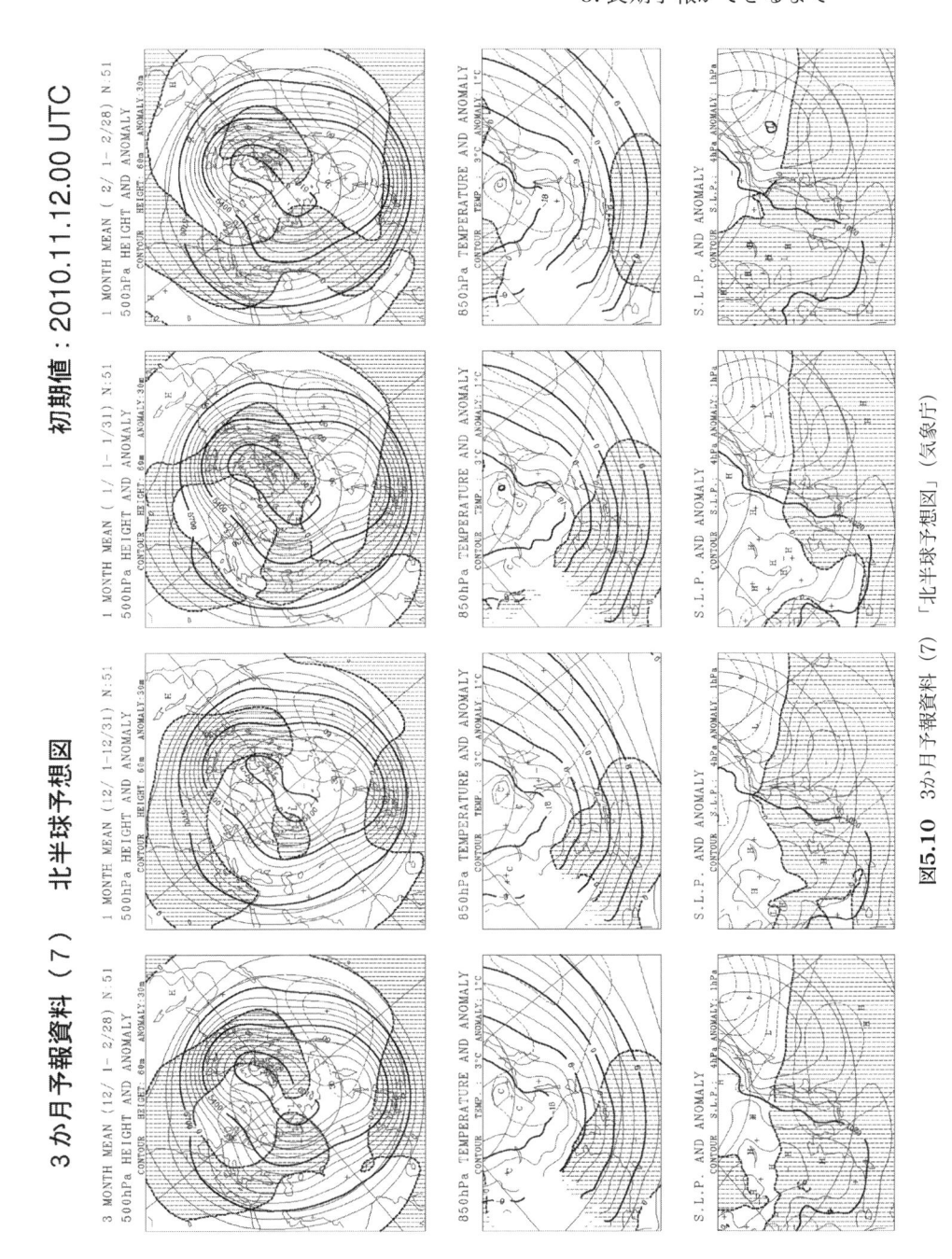

3か月予報資料（7）　北半球予想図　　初期値：2010.11.12.00 UTC

図5.10　3か月予報資料（7）「北半球予想図」（気象庁）

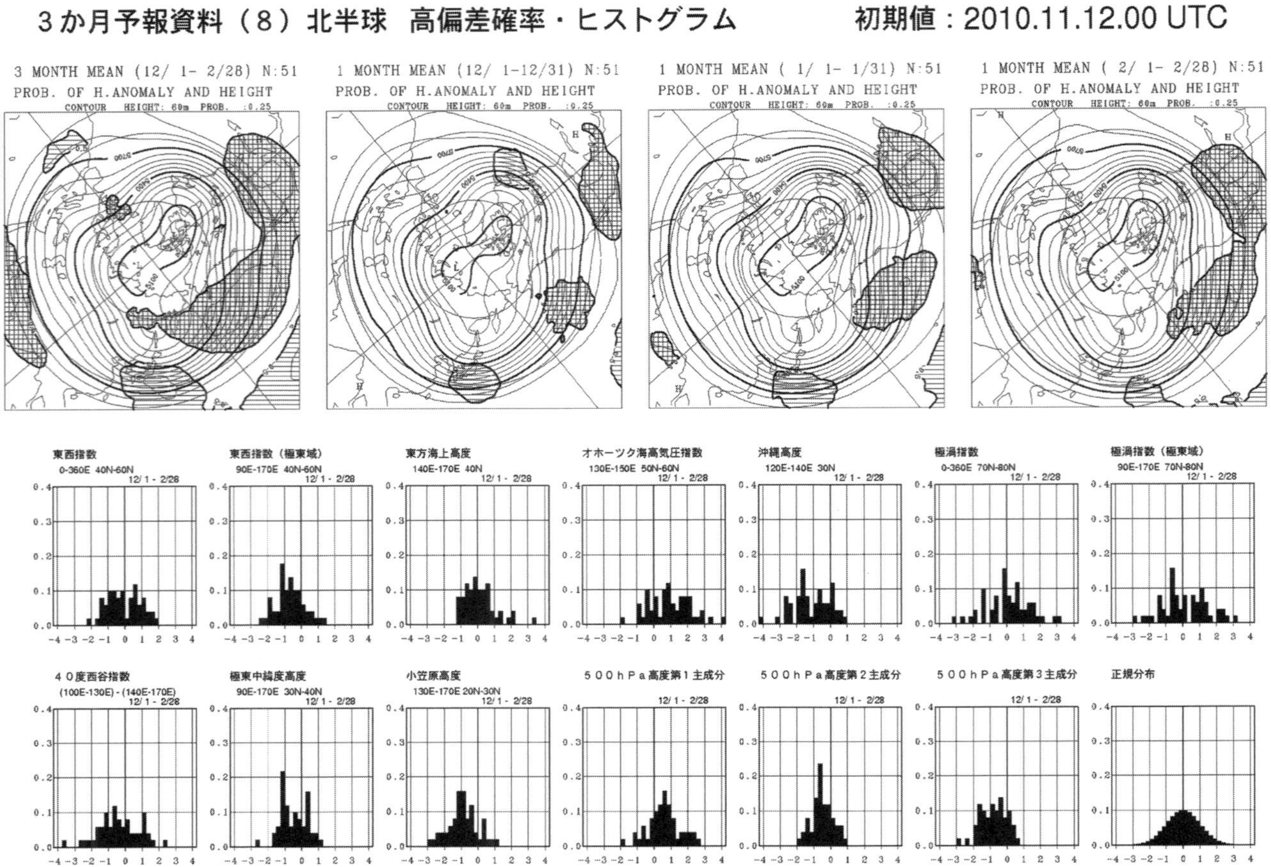

3か月予報資料（8）北半球 高偏差確率・ヒストグラム　　初期値：2010.11.12.00 UTC

図5.11 3か月予報資料（8）「北半球 高偏差確率・ヒストグラム」（気象庁）

(2)「3か月予報資料（7）」：北半球予想図

北半球中高緯度の循環場の予測を把握する資料です（図 5.10）．アンサンブル平均した北半球 500hPa 高度・高度偏差，極東域の 850hPa 気温と偏差，及び極東域の海面気圧と偏差です．平均期間は予報期間の 3 か月平均と月別平均です．

(3)「3か月予報資料（8）」：北半球　高偏差確率・ヒストグラム

北半球中高緯度の循環場の確率的な予測を把握する資料です（図 5.11）．

上の段は高偏差確率分布です．これは予測された北半球 500hPa 高度偏差の絶対値が解析値の標準偏差の 0.43 倍を超えた場合を高偏差と定義し，アンサンブルメンバーのなかで，この閾値を超えた割合を示しています．その割合が 50％以上の領域に陰影をほどこしています．

下の段は標準偏差で規格化した各種循環指数類のヒストグラムです．標準偏差の 1/4 を階級の幅として，全アンサンブルメンバーに対する比率で表しています．循環指数の種類としては，北半球全体の循環場の特徴を把握する北半球東西指数，極渦指数，そして 500hPa 高度場を主成分分析した第 1 ～第 3 主成分のスコアがあります．なお冬期の第 1 主成分は北極振動の指標として使われます．このほかには，日本付近の天候と関係が深いと見られる極東域の東西指数，極渦指数，東方海上高度，オホーツク海高気圧指数，40 度西谷指数，極東中緯度高度，沖縄高度そして小笠原高度などが掲載されています．

5.2.4　各種指数類の時系列予想資料とガイダンス資料

(1)「3か月予報資料（9）」：各種指数類時系列

日本付近の天候に関係の深い各種の循環指数の時系列資料です（図 5.12）．

上の 2 段は，全国の 4 地域（北日本・東日本・西日本および沖縄と奄美）付近の地域平均 850hPa 気温偏差と，日本付近の天候と関係の深い極東域の東西指数，東方海上高度，オホーツク海高気圧指数そして沖縄高度の時系列です．実況経過とアンサンブル平均及び予測のばらつきを把握するための資

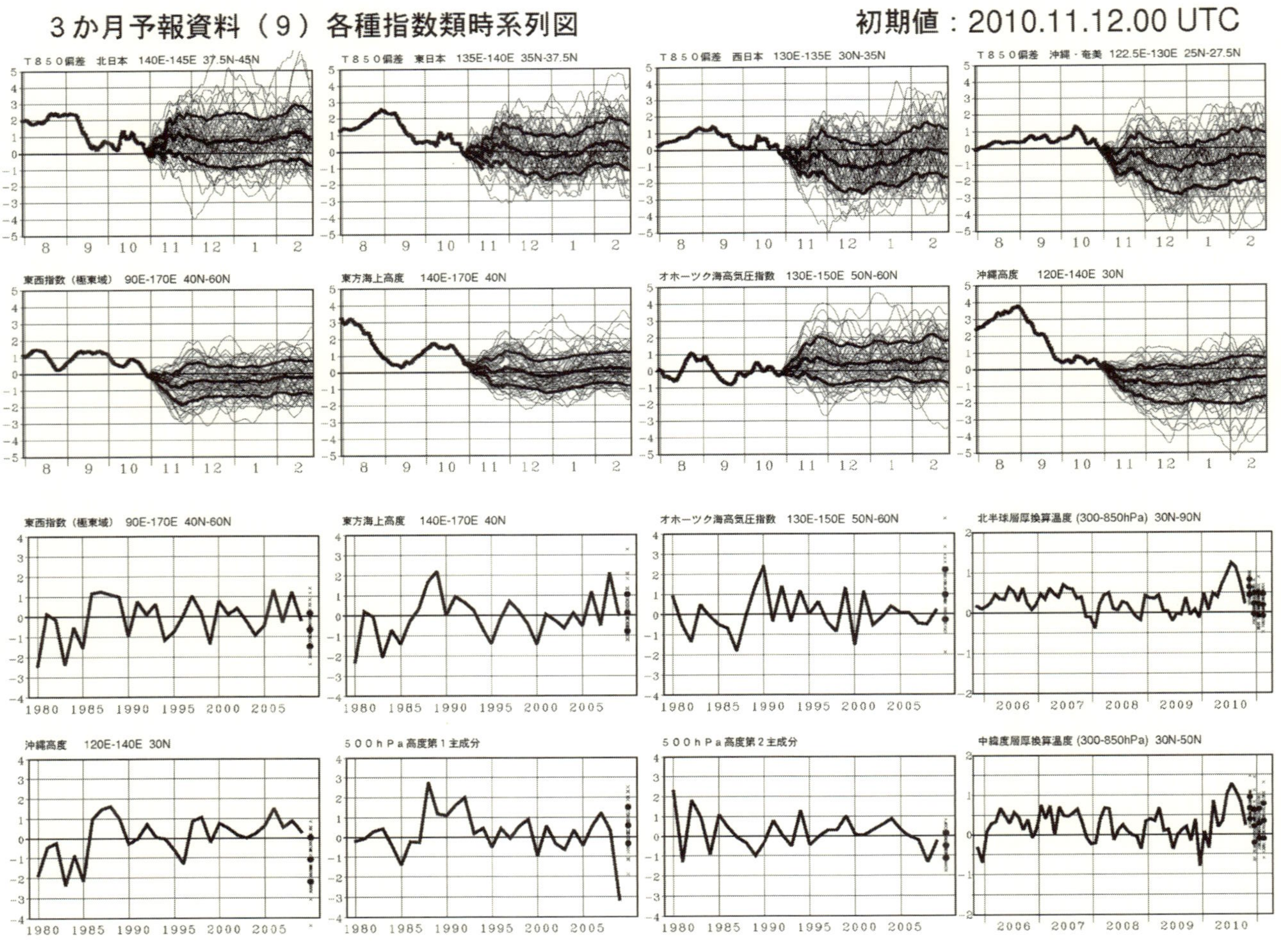

図5.12 3か月予報資料（9）「各種指数類時系列図」（気象庁）

料で，30日移動平均としており，季節内の時間スケールでの変動を見ています．

下の2段は北半球中高緯度循環場の経年変化について，実況経過とアンサンブル平均及びメンバー間のばらつきを把握する資料です．月別データを基にした極東域の東西指数，東方海上高度，オホーツク海高気圧指数，沖縄高度，北半球500hPa高度場の第1～第2主成分が掲載されています．また帯状平均した対流圏の温度の変動を見る資料として，300～850hPa間の北半球層厚換算温度（30N-90N）と，中緯度層厚換算温度（30N-50N）の実況経過とアンサンブル平均を掲載しています．

(2)「3か月予報資料（10）」：数値予報ガイダンス

長期予報のガイダンスはMOS（Model Output Statistics）方式で作られています．3か月間及び月ごと（1か月目，2か月目，3か月目）としています．要素は気温・降水量・日照時間・降雪量の平年差（比）と，天候のイメージを表す月ごとの天気日数（晴れ日数，降水日数，雨日数）の平年差です．ただし，降雪量は10月から1月までに配信される資料にのみ掲載されます．

5.2.5 資料を総合して予報の作成

以上のようにアンサンブル予想資料及び最適気候値予報などを総合して気温，降水量，日照時間の予想確率を確定して3か月予報が出来上がります．なお，各資料の注目すべきポイントや解釈について，そして予報の大筋などについては「全般季節予報支援資料」としてFAXで配信されますので，それらを基に資料の解釈を深め，予報について考えることができます．

5.3 暖候期・寒候期予報資料

暖候期・寒候期予報資料は，3か月予報資料と基本的には同じものです．

ただ暖候期予報資料は6〜8月，寒候期予報資料は12〜2月を対象としているということです．なお，暖候期予報には海面気圧とその偏差について，梅雨の時期に当たる6〜7月（沖縄・奄美については5〜6月）の2か月平均資料を加えています．

　暖候期・寒候期予報は3か月予報の延長です．暖・寒候期予報では，夏全体あるいは冬全体の平均状態が予報対象で，月単位の予報は対象ではありません．すなわち，暖候期予報では夏の平均気温および降水量が平年と比べてどうなるかがポイントです．降水量についてみると，とくに梅雨期間の降水量としては，6〜7月の合計降水量で考えます（ただし沖縄・奄美は5〜6月としています）．また寒候期予報では冬の平均気温とともに，日本海側の降雪量なども予報の対象となっています．

　暖候期は2月の3か月予報発表時に夏（6〜8月）平均を，寒候期予報は9月の3か月予報発表時に，冬（12〜2月）平均状態を予報しています．

6. 諸外国の季節予報システムの状況

　2010年2月に「大気海洋結合モデル」が季節予報システムに導入され，季節予報の精度は一段と向上してきました．ところでわが国で長期予報に力学的手法が導入されたのは1990年代初めのことです．そして2000年代に入り，3か月予報，暖候期・寒候期予報にも力学的手法が導入されました．ただしこの頃の3か月予報や暖候期・寒候期予報の力学的手法というのは，あらかじめエルニーニョ予測モデルを用いて予測したエルニーニョ監視海域の予測値を基に，全球海面水温を統計的に予測した結果を境界条件として与えて，大気モデルをもう一度動かすという二段階方式でした．これはエルニーニョ現象を予測するための大気海洋結合モデルでは，日本の天候に大きな影響を与える西部太平洋熱帯域やインド洋熱帯域の海面水温の予測精度が十分ではなく，また大気の予測精度も天候の予報に用いるには不十分であったことなどのためです．

　その後2008年にエルニーニョ予測モデルとして導入された大気海洋結合モデルは，エルニーニョ現象の予測精度が世界最高水準であるとともに，日本の天候に大きな影響を与える西部熱帯太平洋やインド洋熱帯域の海面水温の予測精度も大きく改善されました．そして大量の過去予報実験の結果，海面水温予測精度の改善とともに，熱帯域の降水量を中心に大気予測の精度が従来の予測モデルの精度を大きく上回り，とくに暖候期・寒候期予報のような，より長い先の期間を対象とする予報の改善の効果が確認されました．このような状況をふまえて，2010年2月から大気海洋結合モデルが導入されることになりました．

　諸外国の季節予報に比べると，わが国の大気海洋結合モデルなどはどのようなところに位置しているのでしょうか．気象庁の資料によりますと，季節予報への大気海洋結合モデルの導入という点では，世界の先進的な予報センターに比べますと，やや遅れたというところです．と言いますのは，前述のように季節予報スケールの大気の変動はエルニーニョ現象や南方振動と深く

関わっており，さらに各地の天候へと影響しますが，その天候への影響の仕方が北米域などに比べて，日本付近では複雑でなかなか難しく，日本付近での予測成績が向上しなかったことがその一因のようです．それが前述のように，解決したことでようやく導入に至ったというところです．

今回導入された大気海洋結合モデルの基本性能を海外の予報センターのシステムと比較してみたのが表6.1です．この表はWMOから長期予測のための予測プロダクト提供センター（Global Producing Center for Long Range Forecast）として認定されている11の予報センター（2010年6月現在）の中から1か月を超える予報モデルを運用していない南アフリカを除いた10の予報センターの状況をまとめたものです(気象庁)．これを見ますと，ほとんどのセンター（10センターの中の7つのセンター）の予報システムが大気海洋結合モデルで運用されていることがわかります．大気モデルの水平分解能は欧州中期予報センター(ECMWF)のモデルだけがTL159(120km)と最も高くなっていますが，多くのセンターのモデルは気象庁と同じTL95(180km)となっています．

6. 諸外国の季節予報システムの状況

表6.1 主要な予報センターにおける季節予報システムの概要（2010年6月現在）（気象庁提供，2011）WMOマルチモデルアンサンブルリードセンターの情報を基にとりまとめたもの

機関	予報期間 アンサンブル数	大気モデル	海洋モデル （またはあたえられるSST）	フラックス 修正	過去予報 実験	現システム 運用開始
JMA 気象庁	7か月 51メンバー	JMA-GSM TL95 (180km), 40層	MRI.COM 1.0度 × (0.3-1.0) 度, 50層	有	1979-2008 10メンバー	2010年2月
NCEP 米国環境予測センター	9か月 40メンバー	CFS T62 (180km), 64層	MOM Ver.3 1.0度 × (0.3-1.0) 度, 40層	無	1982-2004 15メンバー	2004年9月
ECMWF 欧州中期予報センター	7か月 41メンバー	ECMWF IFS TL159 (120km), 62層	HOPE ver.2 1.4度 × (0.3-1.4) 度, 29層	無	1981-2005 11メンバー	2007年3月
UKMO 英国気象局	7か月 42メンバー	HadGEM3 1.25度 ×1.875度, 38層	NEMO 1.0度 × (0.33-1.0) 度, 42層	無	1989-2002 12メンバー	2009年9月
Meteo-France フランス気象局	7か月 41メンバー	ARPEGE model v4.4 T63 (180km), 31層	OPA8.2 2.0度 × (0.33-2.0) 度, 31層	無	1979-2007 11メンバー	2008年7月
BOM 豪州気象局	9か月 30メンバー	POAMA1.5 (BAM Ver.3.0d) T47 (300km), 17層	ACOM2 (GFDL/MOM2) 2度 × (0.5-1.5) 度, 25層	無	1980-2006 10メンバー	2007年7月
CMA 中国	6か月 48メンバー	NMC-MWF AGCM T63 (180km), 16層	BCC/IAP 1.875度 ×1.875度, 30層	有	1983-2004 48メンバー	2005年12月
KMA 韓国	6か月 20メンバー	T106 (120km), 21層	力学（モデル）及び統計的に予測されたSST		1979-2007 20メンバー	1999年
CMC カナダ	5か月 40メンバー	GEM model T95, 50層 他に, T63, T32 Lat-Lon 2 degree 利用	SST偏差固定		1969-2004 40メンバー	2007年11月
HMC ロシア	4か月 10メンバー	1.40625度 ×1.125度, 28層	SST偏差固定		1979-2003 10メンバー	2007年9月

123

7. 長期予報の上手な利用に向けて

　はじめて長期予報が発表されてから70年が経過しています．統計的手法（経験的予測法）で作られていた長期予報が力学的手法へと変わり，今では全ての長期予報が数値予報モデルによるアンサンブル予報でなされています．今後予報モデルの改良を重ねることで着実に予報精度の改善が期待できます．利用者はこのような長期予報の内容を理解することで，長期予報の利用価値はさらに高まってくると考えられます．それぞれの目的に応じた有効な情報をひきだすことができるはずです．

7.1　さまざまな分野における長期予報の利用

　長期予報で対象とします時間スケールの長い天候の変動は，社会や経済活動の各方面にいろいろな形で影響を及ぼします．気象庁が実施しました気候に関する予測情報の利活用についてのアンケート調査の結果によりますと，気候の影響を大きく受ける業種としては，農林・水産業，エネルギー関連，商社・販売業，運輸・旅行業，レジャー関連，公務（防災関係部署や環境・農政関係部署など）などが上位にあげられています．たとえば，2010年の夏は記録的な猛暑となりましたが，その影響としては，エネルギー関連や製造業あるいは商社・販売業などの分野では，売り上げの増加という好影響を受けましたが，一方農業関係のようにあまりの暑さのため，天候被害という悪影響を受けた分野もあります．

　それぞれの分野において，天候による悪影響を軽減するための対策として気候情報をどのように活用しているかということについて，以下のような点が挙げられています．エネルギー関連では主に需要予測のため，商社・販売業では商品や原材料の仕入れ先や仕入れ量の調整あるいは販売先や販売量の予測，そして販売価格の調整ため，また製造業では生産量や生産スケジュー

ルの調整のために活用しているようです．各分野ごとに天候による悪影響を軽減するための対策としてどのような気候情報を利用しているかを見てみます．

　（1）エネルギー関係：主に電力会社，ガス会社，石油精製・販売会社などが天候や気候の変動の影響を受けることは明らかです．

　電力会社は電力の安定供給や効率的な運用を目指して，的確な需給予測，あるいは計画的な設備のメンテナンスなどを行いますが，そのための情報として週間天気予報や長期予報が使われています．日々の電力需要は気象状況に大きく左右されますが，最大電力に影響を与える要因として最も大きいのは最高気温です．夏は暑ければ暑いほど，冬は寒いほど電力の需要が大きくなります．近年は，エアコンの普及等により日々の気温の変動がそのまま電力需要の変動に反映されるような社会となっていますので，的確な最大電力の予測のためには精度のよい気温の予想が求められます．また，需要予測以外にも水力発電の水系を効率よく運用するうえでは，降水も含めた種々の気象情報がもとめられますし，さらに送電線やそれを支える鉄塔など電力の設備等は，そのほとんどが災害を受けやすい気象環境の厳しい所に設置されており，台風や大雨などさまざまな気象災害に遭遇することを避けることはできません．そこで気象災害を防止・軽減，また災害が発生した場合には迅速に対応するための気象状況の把握や予測情報が必要です．このようなことから，電力会社では毎日の天気予報から週間天気予報そして暖候期・寒候期予報までの全ての長期予報を活用しており，また最近では精度のよい異常天候早期警戒情報などを有効に活用しています．今後は長期予報や異常天候早期警戒情報などで提供されている確率情報を，いかに需要予測モデルに取り入れていくかなども課題かもしれません．

　ガス会社は，暑夏になりますと給湯需要が減少しますが，一方では近年，ガス冷房機の普及によりガスの需要が増加するという逆の影響もあります．また，当然のことながら冬は寒ければ寒いほど暖房や給湯の需要が伸びます．同じように，石油関連業種も寒い冬ほど需要が増えることになります．

　このようにエネルギー関係では，需要予測や生産スケジュール調整あるいは原材料の仕入れにあたって，気候予測情報は貴重な情報のようです．

7. 長期予報の上手な利用に向けて

(2) **製造業や商社・販売業関係**：季節商品の売り上げという面で気候の影響を大きく受ける分野です．このなかで，飲料や冷暖房器具関連では夏は暑く，冬は寒いほど需要が伸びて好影響を受けますが，このような天候の悪影響を受ける業種もあります．たとえば2010年の猛暑の夏にはスポーツドリンクやエアコンなどは異例の需要があり，生産が追いつかないものもありましたが，その一方で，厳しい残暑の影響で秋冬商品の販売の遅れたことの悪影響もあります．また衣料や繊維業界などは暖冬になると冬物衣料の販売不振で悪影響を受けます．

この分野では，一般的に夏物は1～2月，冬ものは6月～7月に大きな商談時期といわれています．また多くの企業で，商品が店頭に並ぶ3か月ほど前に商品の選定や仕入れ量の確定がなされますので，3か月予報や暖候期・寒候期予報がよく利用されます．たとえば，家電メーカーにおいても，エアコン増産のための部品調達には最低2か月を要するため3か月予報を利用していますし，生産サイクルが短い飲料等については，製造計画を月単位で策定していることから，1か月予報をよく利用しているようです．したがって，この分野では異常天候早期警戒情報から暖候期・寒候期予報まで広く利用されており，とくに3か月予報の利用が進んでいます．

(3) **農業関連ビジネス**：この分野には農産物の生産・加工・販売・流通などがありますが，やはり様々な気候の変動の影響を受けています．2010年夏の猛暑では，収穫量の減少や品質の低下による悪影響はもちろんですが，一方では野菜不足による市況価格の高騰による好影響もあるなど様々な影響を受けています．予測情報としては短期予報から長期予報まで利用していますが，3か月ごとに栽培スケジュールを策定している企業等にとっては3か月予報や1か月予報が良く利用されており，1か月予報や異常天候早期警戒情報などの精度については，ある程度の評価が得られています．今後農業分野においては，各種作物の生育予測モデルや販売分野における販売量予測モデルなどがありますが，これらの予測モデルに長期予報や異常天候早期警戒情報などで提供されている確率情報をいかに取り入れていくかが期待されます．

7.2 異常天候早期警戒情報

　概ね1週間から2週間先の1週間平均気温が，社会活動や経済活動に大きな影響を与えるほどに極端な高温や低温などの「異常天候」が予想された場合に，それによる災害の防止や軽減を目的として発表されます．実際には，情報発表日の5日後から14日後までを対象として，その間の任意の7日平均気温が「かなり高い」または「かなり低い」となる確率が30％以上と見込まれる場合に，予想される確率とそれによる影響についての注意事項などが「異常天候早期警戒情報」として発表されます．現在は気温のみを対象として，地方季節予報区（図1.1参照）を単位として発表されます．地方季節予報区の7日間平均気温が平年より「かなり高い」または「かなり低い」となる場合に発表します．

　この情報の目的は，名称に「早期警戒」とあるように，異常天候の発生の可能性が高まった場合に，その発生により生ずるおそれのある災害や被害の防止・軽減に向け早期に警戒し，早めに対策を立てるための呼びかけです．異常天候早期警戒情報の発表時には，さまざまな確率情報も出されますので，それぞれの目的に応じた活用ができそうです．たとえば，以下のような利用が考えられます．図7.1に異常天候早期警戒情報の例を示します．

　農業においては，稲作の深水管理（低温や高温時に水田の水の量を増やすことで影響を緩和する）や田植え時期の調整などがあり，また果樹の凍霜害対策や家畜の暑さ対策などにも有効な活用が期待されます．あるいは熱中症注意の呼びかけとして，一定の温度を超える高温が予想される場合，異常天候早期警戒情報の情報文の中で熱中症への注意を呼びかけが行われます．

7.3 確率予報の上手な利用

　長期予報は確率を用いた予報表現が基本となっています．
　「確率予報」という言葉は毎日の天気予報の中で「降水確率」としておな

7. 長期予報の上手な利用に向けて

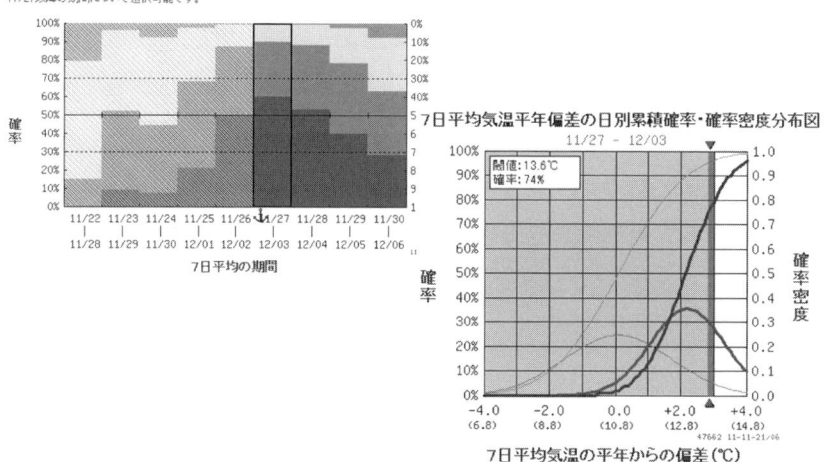

図7.1 異常天候早期警戒情報の確率資料の例

じみとなっていますが，季節予報での確率も考え方は同じです．ただ降水確率は，雨が降るか降らないか二つのうちの「降る」方の確率だけを表示していますが，長期予報の確率では「高い（多い），平年並，低い（少ない）」の3階級のすべての確率を表していますので，解りにくい感じがするかもしれませんが，確率予報としての本質は同じです．

7.3.1 長期予報の確率表示

確率予報は利用者が，それぞれの目的によって使い分けることができる予測情報です．例えば，気温の確率予報が「低い50％」「平年並30％」「高い20％」と発表された予報について考えてみます（図7.2）．この確率予報はどのようなことを意味しているのでしょうか．通常の気候の場合，「低い」・「平年並」・「高い」の各階級は，それぞれ1/3ずつの[33.3％：33.3％：33.3％]の割合の出現率と定義されています．この予報の場合では，3階級のうちの「低い」となる確率が最も大きく50％となっており，3階級の中では一番実現の可能性が大きい階級であることを示しています．ところが「平年並」と「高い」を合わせた確率も50％となっており，「平年並か高い」となる可能性も50％はあることを意味しています．これではあまり情報としては価値がなさそうですが，さらに見方を変えて「高い」となる可能性に着目しますと，この確率はわずか20％しかありません．ということは，「80％の確率で平年並か低い」気温が予想されており，「高い」となる可能性はかなり小さ

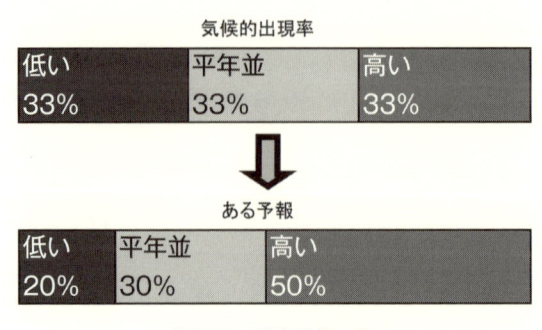

図7.2 確率予報の例

いということですので，低温に対するリスクを回避する必要のあるユーザーは，自信を持ってその対策を施すことができることになります．

確率をつけた長期予報は，たくさんの数字が羅列され，煩わしくも感じますが，同時にその予報の信頼度も合わせて表現していますので，その本質を理解して利用すれば，より有効な情報が引き出せるということになります．

7.3.2　確率予報の利活用（コスト／ロスモデル）

長期予報に限らず予報には必ずある程度の不確定性があります．そのような予測情報を有効に活用する方法として確率予報があります．確率予報を利用してリスク管理を行いたいと思う利用者は，まず予報を利用することによるコスト／ロス比を把握しておき，これと予報の確率を比較しながら予報を利用することで，効果的な利用をしようというものです．ここでコスト（C）とは損失回避のためにとる対策に要する費用と考えます．またロス（L）とは，予報に基づき何らかの対策をとることによって回避することができる損失の大きさです．つまり，ある予報を利用して何らかの対策をとると，その対策のためのコストが発生しますが，その対策によりどの程度の損失を回避することができるかということで，情報の利用価値が判断できます．長期予報の確率を上手に利用するためには，その確率予報の精度とともに利用者が利用目的に合わせて確率の使い方を工夫しなければなりません．そのひとつがコスト／ロスモデルです．

確率値P％の予報が100回発表された場合を見てみます．

この予報を基に何らかの対策をとる場合には，1回あたりCの費用がかかりますが，その対策をとることで現象が発生した場合には1回あたりLだけ損失を軽減することができると仮定します．

予報の発表のつど，毎回対策をとるとした場合を考えてみます．

100回の予報が終わった時点で，

$$\text{対策費の総計（Cost）} = C \times 100$$

となります．

また確率値P％の予報では，現象がP回発生していますので，

損失軽減の総計（Los）＝ L × P

となります．

したがって，この予報を使って対策をとることのメリットは，対策によって軽減された損失の総計（Los）が，対策に講じた費用の総計（Cost）よりも大きい（利益がある）ということが条件となります．

これを式で書きますと，

Los ＞ Cost 　　がその条件となります．

つまり

L × P ＞ C × 100

P ＞ (C / L) × 100

となります．この式のなかのC / Lが　コスト / ロス比です．

したがって，予報された確率値 P（%）がコスト / ロス比（C / L）よりも大きい場合には，対策をとる方が有利ということになります．このコスト / ロス比（C / L）というものは，予報の利用者が事前に調査し，把握しておかなければならない因子です．同時にその確率予報の精度も把握しておく必要があります．つまり季節予報の確率を上手に利用するためには，その確率予報の精度とともに利用者が利用目的に合わせて確率の使い方を工夫することが必要です．

7.3.3　確率予報の評価

長期予報は確率形式で発表しています．したがって，その予報の評価の方法としては予報の当たり外れということではなく，発表した予報の確率が適切であったかどうかを評価しなければなりません．図7.3は，予報の確率値に対して，実際にどのくらい現象が出現しているのかを示す図です．2001年～2005年に発表された1か月予報の中の「1か月平均気温」，「1か月降水量」のそれぞれの5年分の評価の結果で，これは確率の信頼度を示しています．図の横軸は発表した予報の確率を，縦軸は実際の事象の出現率を表しています．図中の棒グラフは，「高い（多い）」「平年並」「低い（少ない）」の各階級の予報確率に対して，実際に各階級が出現した割合（%）を，図中

7. 長期予報の上手な利用に向けて

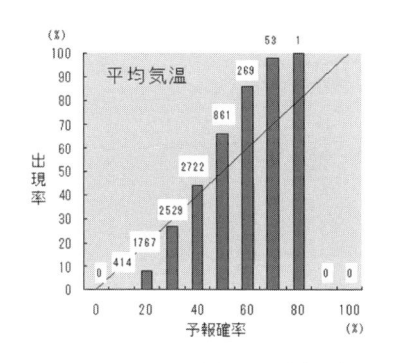

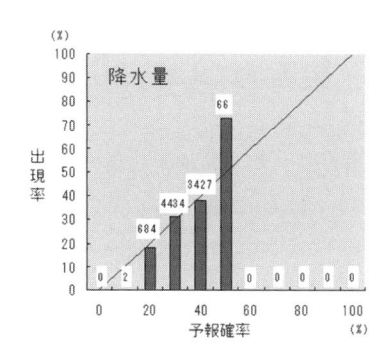

図7.3 確率予報の評価（月平均気温，月降水量）

の数字は各確率の予報発表回数を示しています．例えば「高い」確率60％という予報が100回発表された場合には，その中の60回が「高い」という実況に，確率40％の予報に対しては実況も40％であれば，適切な確率予報であるということになります．そうではなく，「高い」確率60％の予報に対して，実況が毎回「高い」となっては，その確率のつけ方が適切でないということになります．つまり，図7.3の棒グラフの出現率が0％から100％に向かって対角線（実線で表示しています）に近いほど，信頼度の高い確率予報ということになります．「平均気温」について見てみますと，大まかにはほぼ対角線に沿って棒グラフが伸びていますので，妥当な確率予報といえますが，確率50％の予報は861回発表され，実際には60％を超える出現率となっていますし，また確率60％の予報は269回発表され，実際には80％を超える出現率となっていますので，どちらかといえば確率値が高くなるほど過少に確率値をつけているという傾向がありそうです．同じように降水量についてみますと，予報の確率が40％まではほぼ対角線上にありますが，確率50％の予報は66回発表され，実際には70％の出現率となっていますので，やはり確率値が高くなるほど過少な確率値が付いているといえそうです．

7.4 確率のついた季節予報の利用の例

確率のついた季節予報の利用の例について，気象庁の資料に基づいて記述します．なお，ここで示している確率予報を利用することの有意性は，統計的に意味のあるほどに多数の例に適用した結果として得られるものです．したがって個々の事例において常に最適な結果が得られるわけではありません．つまり，確率予報を利用してそれなりの成果を得るためには，利用者においては日ごろから適用する事象と天候との関係をしっかりと把握しておき，その上で該当する予報を長年使い続けていくことが必要です．また，以下に示した事例はあくまでも確率予報の利用法について理解することを目的に作成したものであり，その内容や使われている数値はあくまでも架空のものです．

(1) 暖候期予報を利用した作付け品種の選択の例

夏の天候の予想として最初に発表される季節予報は，2月25日頃に発表される暖候期予報です．その後，毎月3か月予報が発表され，そのつど暖候期予報も見直されていきます．ところで農作物の生育は天候に大きく左右されます．例えば寒さに強い作物や弱い作物，あるいは暑さに強い作物や弱い作物などがあります．ここでは，春先の時点で暖候期予報を活用して，作付けする品種の選択をすることを考えてみます．ここに夏期の低温に弱い品種Aと強い品種Bの2種類がある農作物があるとします．そこで夏の天候を予想して，どちらの品種を作付けするのが最も適切であるかを判断するにあたり，夏の3か月平均気温の確率予報を利用する場合を検討してみます．

この2つの品種の収穫量と夏の気温については表7.1のような関係があるとします．この表から判断できるのは，品種Aは夏の気温が平年並か高いときに収穫量が大きく，低いときには収穫量が小さくなります．一方品種Bは，品種Aに比べて夏の気温が低いときには収穫量が大きくなり，平年並か高いときにはやや小さくなります．したがって夏の気温が平年並か高い可能性が大きいと予想される場合には品種Aを，低い可能性が大きいと予想される場合には品種Bを作付けするのがよいことが分ります．しかし，低

7. 長期予報の上手な利用に向けて

表7.1　夏の気温と収穫量の関係（気象庁）

夏の気温と収穫量の関係（kg／a）			
品種	夏の気温		
	低い	平年並	高い
A	40	100	110
B	70	85	90

い可能性がどの程度ならば品種Bを作付けすればよいかはすぐには分りません．

　そこで，確率予報を用いて品種を選択する方法を考えてみます．夏の平均気温の確率が「低い：50％，平年並：30％，高い：20％」という予報が出されている場合について検討します．

　この状況において，まず品種Aについて見込める平均的な収穫量は上の表から，

$$40 \times 0.50 + 100 \times 0.30 + 110 \times 0.20 = 72 \text{ (kg/a)}$$

となります．

　一方，品種Bについては，

$$70 \times 0.50 + 85 \times 0.30 + 90 \times 0.20 = 78.5 \text{ (kg/a)}$$

となります．

　したがって，この例のような「低い：50％，平年並：30％，高い：20％」という予報を使いますと，平均的に多くの収穫量が見込めるのは品種Bを作付けするのが適当であると判断できます．このようにその時点での確率予報をもとに収穫量の多寡を計算して，品種の選択の材料とすることができます．

(2) 食品の仕入れ量と販売の例

　ここでは品質保証期間が1か月で，1か月を過ぎると廃棄される食品について，最も収益の上がる適切な仕入れ量を決定するにあたって，1か月予報を利用する場合を考えてみます．ただし，過去の販売実績から，この商品の1か月間の販売量と1か月平均気温との間には表7.2のような関係があるこ

表7.2 気温と販売量の関係（気象庁）

気温と販売量の関係（単位：個）			
気温	低い	平年並	高い
販売量	1,300	1,000	800

表7.3 仕入れ量に対する気温と収益の関係（気象庁）

仕入れ量に対する気温と収益の関係（単位：百円）			
仕入れ量（個）	気温		
	低い	平年並	高い
1,300	1,300	685	275
1,000	1,000	1,000	590
800	800	800	800

とが分っているとします．つまり気温が低いときほど販売量が多く，その量は1300個，気温が高いときには800個ということです．なおここでは，この商品の仕入れ単価は100円，販売単価は200円，品質保証期間を過ぎた場合の廃棄に要する費用は1個当り5円と仮定します．

この表から次のようなことが言えます．

気温が平年並であった場合

① 1300個仕入れていたとしますと，1000個売れて，300個は売れ残ります．したがって，収益は1000個の売上高200,000円から，1300個の仕入れ経費130,000円と売れ残った300個の廃棄に要した費用1,500円を引いた68,500円となります．

② 800個仕入れていたとしますと，800個すべてが売り切れますので収益は80,000円となります．

同じように計算して，仕入れ量の1300個，1000個，800個と気温の組み合せ毎の収益を計算しますと，表7.3のようになります．この表を見ますと，気温が「低い」ときは1300個仕入れた場合に，「平年並」のときは1000個仕入れた場合に，「高い」ときは800個仕入れた場合に最大の収益が得られることが分ります．仕入れ量が最適でないと，せっかくのチャンスに品不足

7. 長期予報の上手な利用に向けて

表7.4 各仕入れ量で得られる収益と最大収益との差（気象庁）

各仕入れ量で得られる収益と最大収益との差 (減収)			
仕入れ量（個）	気温		
	低い	平年並	高い
1,300	0	−315	−525
1,000	−300	0	−210
800	−500	−200	0

となって儲けそこなうことになったり，あるいは過剰に仕入れて売れ残りが生じるということになります．

そこで確率予報を活用して最適な仕入れ量を求めることにします．表7.4は，気温が「低い」，「平年並」，「高い」について，各仕入れ量で得られる収益と最大収益との差（減収）を求めたものです．

予報の利用者において表7.4のようなデータが準備できれば，1か月予報の気温の確率予報を利用することによって，予想される減収が最小となる仕入れ量を求めることができます．1か月の平均気温が「低い：60％，平年並：30％，高い：10％」と予報されている場合を考えてみます．

①仕入れ量1300個に対して見込まれる平均的な減収は，
　　$0 \times 0.60 + (-315) \times 0.30 + (-525) \times 0.10 = -147.0$（百円）
②仕入れ量1000個に対して見込まれる平均的な減収は，
　　$(-300) \times 0.60 + 0 \times 0.30 + (-210) \times 0.10 = 201.0$（百円）
③仕入れ量800個に対して見込まれる平均的な減収は，
　　$(-500) \times 0.60 + (-200) \times 0.30 + 0 \times 0.10 = -360.0$（百円）
となります．

以上の検討結果から，「低い：60％，平年並：30％，高い：10％」という確率予報を使うとすれば，見込まれる減収が最小となるのは1300個を仕入れ量とするのが最適であることが分かります．

(3) 散布する農薬の種類選択の例

夏の天候は農作物へ大きく影響します．そのような影響の一つとして夏が低温になると，いろいろな病虫害の発生が懸念されます．このための対策として天候の予想をもとに農薬の散布を行います．

ここでは，病虫害が発生しなければ100万円の収穫が期待できますが，ひとたび病虫害が発生すると全く収穫が得られず，100万円の損害が発生するという利用者を仮定しています．このような損害を回避するために農薬の散布を行いますが，農薬にはA剤，B剤と2種類あって，それぞれのコストと効能は表7.5のように仮定します．つまりA剤の散布には15万円のコストがかかり，それによって50万円の損害を軽減することができるとします．一方，B剤の散布には45万円ものコストがかかりますが，それによって損害は0円にすることができるというわけです．

そこで，予想される「低温」の確率が10%から80%までのそれぞれの場合について，次の3通りの対策をとるとします．

①何らの対策もとらない
②常に，A剤を散布する
③常に，B剤を散布する

この3通りの対策について，コストと損害の総和をグラフにしたのが図7.4です．この図は横軸が発表された予報の「低温」の確率，縦軸が農薬散布にかかるコストと病虫害の発生によって被る被害額の総和です．当然のことながら何の対策もとらない場合は，確率が大きくなるにしたがって想定される被害額は増加します．A剤を散布する場合は，低温の確率が高くなるにしたがって想定される被害額は増加しますが，被害額の増加は比較的緩やかです．またB剤を散布した場合には，予報の確率に関係なく被害は全く発生しま

表7.5 農薬の種類とコスト・効能（気象庁）

農薬の種類		
農薬の種類	コスト	効能
A剤	15万円	農作物の損害を50万円に軽減できる
B剤	45万円	農作物の損害を完全に防止できる

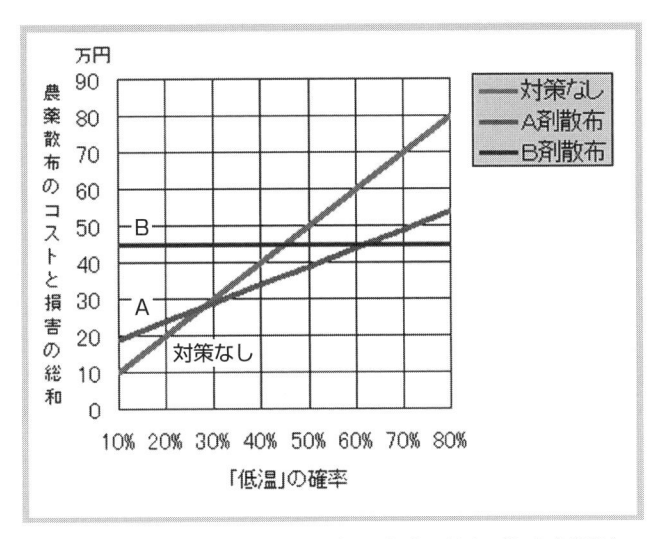

7. 長期予報の上手な利用に向けて

図7.4 農薬散布のコストと受ける損害の総和（気象庁提供）

表7.6 確率の値と最適な対応表（気象庁）

確立の値に応じた最適な対応	
「低温」の確立	対応
10%	何らの対応もしない
20%	何らの対応もしない
30%	A剤を散布（何らの対応もしないも可）
40%	A剤を散布
50%	A剤を散布
60%	B剤を散布（A剤を散布も可）
70%	B剤を散布
80%	B剤を散布

せんので病虫害の発生によって被る被害額は0ですが，散布に大きなコストがかかります．なお，確率は実際に低温になる割合を表すものと仮定します．すなわち，「低温」の確率40％の予報10例のうちでは，4例で実際に低温になり，残りの6例では低温にならないものとします．

したがってこの例の場合には，グラフが示すように「低温」になる確率の大きさを見ながら，表 7.6 に示すような対応をとるのが最適な方法といえます．

7.5 これからの気候情報とその利活用について

近年，地球温暖化の進行などにより，猛暑や豪雨などの異常天候の発生頻度が増加傾向にあります．その結果，少雨による渇水などの水環境や水資源の問題，水稲や野菜など農作物の不作や品質低下の問題，猛暑や冷夏による冷房需要の変動によるエネルギー関連産業の問題，衣料品や飲料品（アイスクリーム・ビール・清涼飲料水など）の需要変動などの流通や小売業関連，さらには屋外レジャー施設の集客変動や食料輸入への不安など広く国民生活への影響など，様々な分野で気候の変化や異常気象によるリスクが増大しています．このような状況の下，国内外で気候情報の利用拡大に向けた議論が進んでいます．国内的には，地球温暖化の影響に対応するための方策（適応策）の推進のための審議会や委員会等が実施されていますし，国際的には第 3 回世界気候会議（2009 年）において，世界気象機関（WMO）の主導による「気候サービスのための世界的枠組み」(Global Framework for Climate Services：GFCS) の構築が決定されました．「GFCS」というのは，気候サービスの提供者と水資源管理や農業等の分野などの利用者間の連携強化を通じて，利用者が意思決定に活用しやすい気候情報の提供を実現するための枠組というものです（図 7.5）．これまで，気候情報の提供者と気候情報の利用者の関係は，一方的に提供者から利用者への提供という格好になっていましたが，それでは利用者と提供者の間にギャップがあって，必ずしも気候情報が有効に活用されないという問題がありました．そのようなギャップを埋めるための橋渡しをするような枠組みを構築することで，より利用者が意思決定に活用しやすいような気候情報の提供，気候情報サービスの提供をしていこうということです．現状としては，気候情報提供者側においては気候情報の精度の不十分さや情報のわかりにくさ，あるいは利用者のニーズの把握の

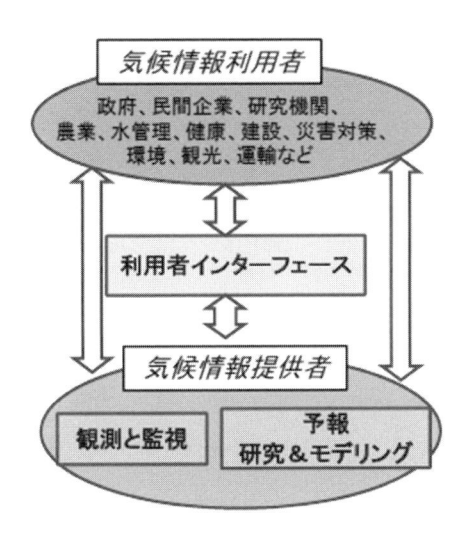

7. 長期予報の上手な利用に向けて

図7.5 GFCSの枠組（イメージ）（気象庁提供）

不十分さや利用拡大に向けた取組の不十分さという問題点がありますし，一方利用者側の問題点としては，気候リスクの認識や評価が不十分であることや，気候情報の利用可能性の評価が不十分であることなどがあって，気候情報が十分に活用されていないということが指摘されています．気候リスクとは，気候変動や異常気象により幅広く社会や経済が被る可能性のある被害というところですが，そのような被害の大きさは，各分野における対応力とか，脆弱性にも大いに関連するものですので，それぞれの分野ごとの気候リスクの分析や評価を行い，リスク管理の計画の策定を行う必要があります．

また気象庁が行った1か月予報，3か月予報，暖・寒候期予報などの利活用についてアンケート調査の結果では，ほとんどの企業が何らかの気候に関する影響を受けていると言われています．中でも農業や水産，エネルギーやレジャー関連の分野では，天候の影響を受ける度合いが特に大きいようです．また全体のおよそ6割の企業が天候の影響に対する何らかの対策を講じており，およそ4割の企業は季節予報を利用しているとされています．ただし，その利用というのは，参考利用程度にとどまっているという企業が多数だというところですので，季節予報の利用可能性が十分に知られていない，ある

いは十分に評価されていないということかもしれません．これは，現在の季節予報が気候に不十分だということを表しているのかもしれません．

社会，経済のグローバル化が進展する中で気候変動や異常気象が国内的にも国際的にも大きな影響を与えていることから，気候変動や異常気象に影響を受ける分野がその損失や被害を回避・軽減するために必要な，気候情報が社会により一層効果的に活用されることを目的として，交通政策審議会気象分科会においては「気候変動や異常気象に対応するための気候情報とその利活用について」というテーマで，審議し，2012年2月に気象庁への提言として出されています．

その提言の骨子は，以下の通りです．

(1) 気候変動や異常気象による影響に対して，気候情報を利用した対応策を普及させるため，気候情報の作成者と利用者側が協力しその成功事例を創出する仕組みを構築する．

(2) 各分野の利用者が気候情報を用いて，気候変動や異常気象による影響を定性的あるいは定量的に分析・評価することなどがより容易になるように，気候情報の利便性の向上を図る．

(3) 海外で発生する気候変動や異常気象による影響に対して，海外の異常気象などに関する情報の国内への発信を充実するとともに，気候変動や異常気象に脆弱なアジア太平洋地域の国々への国際貢献を推進する．

長期予報についてさらに理解を深めるために

　本書では長期予報を上手に利活用するのに必要な基本的な事柄を概括的に記述しましたが，さらに長期予報についての理解をより確かなものにするためには，気象力学や大気大循環などの知識を深める必要があります．また他の分野と同じように気象学がその基本です．本文でも記述しているように，長期予報で対象とする長い期間の大気の変動は，海洋や地表面の状態など（境界条件）と一体となって変動しています．したがって，地球規模の大気の流れとともに熱帯の海洋の状況や熱帯の対流活動などの知識が必要です．また今日では，1か月予報から半年以上先を予想する暖候期・寒候期予報まで，全ての長期予報が数値予報モデルによるアンサンブル予報で行われています．さらに最近は，長期予報の有効な活用についても技術開発が進められています．

　長期予報に関する分野は日々進化しており，絶えず技術開発が進んでいます．気象庁における長期予報に関する技術開発の成果は，毎年『季節予報研修テキスト』などとして発行されています．最新の知見を学ぶにはこれが最適です．

　用語辞典なども含めて以下の文献が参考になりそうです．
気象庁：季節予報研修テキスト．気象業務支援センター．
古川武彦，酒井重典，2004：アンサンブル予報．東京堂出版．
日本気象予報士会編，2008：気象予報士ハンドブック．オーム社．
新田　尚監修，日本気象予報士会編，2011：身近な気象の事典．東京堂出版．
新田　尚監修，天気予報技術研究会編集，2011：新版最新天気予報の技術
　―気象予報士をめざす人に．東京堂出版．
「ビジネスと気象情報」編集委員会，2004：ビジネスと気象情報．東京堂出版．

付録　長期予報でよく使われる用語など（気象庁より）

(1) 予報の名称に関する用語

季節予報		1か月，3か月および暖候期，寒候期の気温，降水量などの概括的な予報．
1か月予報		翌週から向こう1か月の気温，降水量などの総括的な予報．
3か月予報		翌月から向こう3か月の気温，降水量などの総括的な予報．
暖候期予報		3月から8月までの気温，降水量などの総括的な予報．
寒候期予報		10月から翌年2月までの気温，降水量などの総括的な予報．
異常天候早期警戒情報		情報発表日の5日後から14日後までを対象として，7日平均気温が「かなり高い」または「かなり低い」となる確率が30%を超えると予測した場合に発表する情報．
気候予報		季節予報を含み，更にそれより長い1年ないしそれ以上の予報．
	備考	季節予報のほかに，エルニーニョ現象等の今後の見通しを記述するエルニーニョ監視速報がある．
気候値予報		平年の状態あるいは気候値を予測値とする予報．
カテゴリー予報		いくつかの事象のうちどれが起こるかを示す予報．
	備考	季節予報では，3つの階級のうち予想される確率値の最も大きな階級を示す．

(2) 天気とその変化に関する用語

天気が崩れる		雨または雪などの降水を伴う天気になること.
	備考	季節予報の予報文には用いない.
晴れの日	備考	季節予報の予報文には「晴れの日」,「晴れる日」を用いる.
晴れる日		
晴天の日		
乾燥した		湿度がおよそ50%未満の状態をいう.
	備考	季節予報の予報文では乾燥注意報が発表されると予想されるときに用いることができる.
天気日数		ある期間内の「晴れ」「雨」などの日数.
	備考	季節予報では,日照時間が可照時間の40%以上の日数,日降水量1mm以上の日数,日降水量10mm以上の日数をそれぞれ「晴れ日数」「降水日数」「雨日数」としている.
天候		天気より時間的に長い概念として用いられ,5日から1か月程度の平均的な天気状態をさす.
	備考	5日以上の平均的な天気状態を述べる季節予報,天候情報等に用いる.週間天気予報は7日間を予報対象期間としているが,基本的に1日ごとの天気状態を予報しているので"天気"を用いる.

(3) 時に関する用語

平年(値)		平均的な気候状態を表すときの用語で,気象庁では30年間の平均値を用い,西暦年の1位の数字が1になる10年ごとに更新している.
例年		いつもの年.
	用例	例年だとこの季節には….
天気は数日の周期で変わる		天気は3〜4日の周期的に変わると予想されること.

周期的		期間中に何回か繰り返される天気変化のこと.
	用例	気圧の谷が周期的に通る.
〜の日がある		a）週間天気予報では，記述した現象の発現期間が予報期間内で1〜2日あるとき.
		b）季節予報では，記述した現象の発現期間が予報期間の1/2未満のとき.
	備考	暖・寒候期予報には用いない.
〜の時期がある		記述した現象が連続的に起こり，その現象の発現期間が予報期間の1/2未満のとき.
〜の日が多い		記述した現象が予報期間の1/2以上発現するとき.
	備考	平年に比べていうときは，その旨を明記する.
盛夏		おおよそ梅雨明けから8月いっぱいの期間.
		ただし北海道ではおおよそ7月から8月いっぱいの期間.
暖候期		4月から9月までの期間.
	備考	暖候期予報では，3月から8月までを予報期間としている.
寒候期		10月から3月までの期間.
	備考	寒候期予報では，10月から2月までを予報期間としている.
春		3月から5月までの期間.
夏		6月から8月までの期間.
秋		9月から11月までの期間.
冬		12月から2月までの期間.
半旬		連続する5日の期間で，区切り方により通年半旬と暦日半旬がある.
		通年半旬：毎年1月1日から始まる5日毎の期間.
		暦日半旬：毎月を1日から5日毎に区切った期間.

(4) 階級表現について

平年値		特に断りのない限り，1981年から2010年の30年間の平均値を平年値として使用する．
高め（低め）		高い（低い），多い（少ない）と同じ意味．
多め（少なめ）	備考	発表文では高い（低い），多い（少ない）を用いる．
早い，並，遅い	備考	気象現象の発現の平年や昨年との比較に用いる．
高い（低い）	備考	気温の階級表現に用いる．
多い（少ない）	備考	a) 降水量・日照時間などの階級表現に用いる．
		b) 晴れ・雨などの天気日数の表現に用いる場合は，平年との違いを明確にする．単に「多い（少ない）」とする場合は，対象期間の1/2より多い（少ない）ことを示す．
平年並	備考	気温・降水量・日照時間などの階級表現に用いる．
平年差（比）の階級表現		気温，降水量，日照時間について，平年との違いの程度を表す場合に使用する．
	備考	階級区分の基準は，次に示す累積相対度数および生起確率の範囲による．累積相対度数が0以上1/10以下または9/10を超えて1以下の状態をかなりの確度で予測できるときは，予報文の中でそれぞれ「かなり低い（少ない）」または「かなり高い（多い）」を用いることができる．
季節予報における確率表現		季節予報における確率予報では「低い（少ない）」，「平年並」，「高い（多い）」の3つの階級について，それぞれの予想される確率を表現している．
	備考	気候値予報では，各階級の確率はそれぞれ1/3,1/3, 1/3であり，これを「気候的出現率」という．

(5) 平年との比較の表現

平年に比べ	用例	a) 晴れの日は平年に比べて多い.
		b) 平年に比べて（平年よりも）低気圧や前線の影響を受けやすい.
	備考	天気日数などの出現率が平年よりも大きい（小さい）場合や天候の特徴が平年と異なる場合などに用いる.
平年と同様に	用例	a) 晴れの日は平年と同様に多い.
		b) 平年と同様に天気は数日の周期で変わる.
	備考	天気日数などの出現率や天候の特徴が平年と同じ場合などに用いる.
地域平均気温平年差		地点ごとの気温平年差を平均して算出した値.
	備考	欠測地点などがあることを考慮し，地域平均気温は算出していない.
地域平均降水量平年比		地点ごとの降水量平年比を平均して算出した値.
	備考	欠測地点などがあることを考慮し，地域平均降水量は算出していない.
地域平均日照時間平年比		地点ごとの日照時間平年比を平均して算出した値.
	備考	欠測地点などがあることを考慮し，地域平均日照時間は算出していない.
平年偏差図		平年値からの差を表示した天気図．平年値を上回る領域を「正偏差域（場）」，下回る領域を「負偏差域（場）」という.
平年並，平年より～		「平年並」「平年より高い」などの表現は，「平年並」，「高い」といった階級区分の範囲に値がはいることを意味する．通常，階級区分は「平年より～」といった表現を用いるが，階級区分を示さない場合は，その平年値との差を示す「平年値を上回る」といった表現を用いる.

偏差		特に断りのない限り，平年値からのずれを示す．平年差と意味は同じ．

その他の表現

比較的	備考	ある現象が現れやすいが，その程度が弱い場合に用いる．平年と比較する時はその旨明記する．
～しやすい	備考	季節予報では，「～の日が多い」と言い換える．
目立つ	備考	言い回しが適当でないので発表文には用いない．

(6) 気温に関する用語

酷暑（寒）		厳しい暑（寒）さ．
寒波		主として冬期に，広い地域に2～3日，またはそれ以上にわたって顕著な気温の低下をもたらすような寒気が到来すること．
寒気		周りの空気に比べて低温な空気．
	用例	輪島の上空約5,000mには氷点下40度以下の寒気がある．
寒気が入る（寒気の流入，寒気の南下）		寒気が流れ込むこと．このことにより気温が下がったり大気の状態が不安定になる．
	備考	季節予報では年間を通して用いる．
寒気の吹き出し		冬型の気圧配置に伴い，シベリア方面の高気圧が張り出し，強い寒気が南下して来ること．
寒さがゆるむ		「寒さが和らぐ」と同じ．
暖気		周りの空気に比べて高温な空気．
	用例	低気圧に吹き込む暖気が……．
残暑		立秋（8月8日頃）から秋分（9月23日頃）までの間の暑さ．
寒い		季節予報では，主に寒候期（10～3月）に気温が「低い」こと．

付録

暑い		季節予報では，主に暖候期（4〜9月，主に夏）に気温が「高い」こと．
残暑が厳しい		季節予報では，主に立秋（8月8日頃）から秋分（9月23日頃）までの間に気温が「高い」こと．
暖かい		季節予報では，夏を除き気温が「高い」こと．
温暖な	備考	季節予報の発表文では「暖かい」と言い換える．
暑夏		夏（6〜8月）平均気温が3階級表現で「高い」夏．
冷夏		夏（6〜8月）平均気温が3階級表現で「低い」夏．
	備考	冷害と結び付けて受け取られやすく，影響が大きいので使用に注意する．例えば，季節平均気温が「かなり低い」夏，あるいは顕著な冷害が発生した夏，またはそのおそれがある夏などに対して用いるなどの配慮が必要．
暖冬		冬（12〜2月）平均気温が3階級表現で「高い」冬．
寒冬		冬（12〜2月）平均気温が3階級表現で「低い」冬．
寒暖の変動が大きい		気温の高い期間と低い期間が交互に現れ，その差が大きいこと．
	備考	a）季節予報では予報期間の平均気温が平年並のときに用い，その他のときには用いない．
		b）「寒暖の」が適当でない場合には「気温の」と言い替える．

(7) 風に関する用語

季節風		季節によって特有な風向を持つ風で，一般には大循環規模など空間スケールの大きなものをいう．
	用例	北西の季節風．
	備考	a）日本付近では，冬期には大陸から海洋に向かって一般には北西の風が吹き，夏期には海洋から大陸に向かって一般には南東または南西の風が吹く．
		b）普通は，寒候期の北西の季節風に用いることが多い．
季節風が吹き出す		季節風が吹き始めること．
	備考	「季節風の吹き出しが強まる」は用いず，「季節風が強くなる」などとする．
北東気流		大気の下層に流れ込む，寒冷な東よりの気流で曇りや雨になることが多い．
	備考	主として，関東地方を中心に用いられる．
やませ		春から夏に吹く冷たく湿った東よりの風．東北地方では凶作風といわれる．
	備考	主として，東北地方の太平洋側を中心に用いられる．
縁辺流		太平洋高気圧の西端を回る暖かく湿った空気の流れ．
	備考	縁辺流が強い時には，前線や低気圧を伴わなくても大雨となることがある．

(8) 雨・雪の強さに関する用語

長雨		数日以上続く雨の天気．
	備考	気象情報の見出しなどに用いる．
まとまった雨（雪）		季節予報で少雨（雪）の状態が続いているときに，一時的にせよその状態が緩和されると期待されるときに用いる．
	備考	季節予報で用いる．

少雨傾向	備考	a) 季節予報では対象期間，対象地域のかなりの部分で降水量が「少ない」状態．
		b) 明らかに少ない状態の場合は「傾向」は付加しない．
豪雪		著しい災害が発生した顕著な大雪現象．
	用例	38豪雪，56豪雪，平成18年豪雪．
	備考	豪雨に準じた用い方をする．

(9) 日照時間に関する用語

日照時間		直射日光が雲などに遮られずに $0.12\mathrm{kw \cdot m^{-2}}$ 以上で地表を照射した時間．×．×時間とあらわす．
日照不足		日照時間が少ない状態が続くこと．農作物の生育に影響を及ぼすことがある．

(10) 季節現象に関する用語

季節現象		ある季節にだけ現れ，その季節を特徴づける生物活動や大気・地面の現象．梅雨，春一番，桜の開花，秋雨，初霜，初雪，初氷，初冠雪など．
春の訪れが早（遅）い	備考	a) 季節予報では，3月の平均気温が「高い（低い）」と予想されるとき．
		b) 寒候期予報および3か月予報で用いる．
菜種梅雨		菜の花の咲く頃の長雨．
梅雨		晩春から夏にかけて雨や曇りの日が多く現れる現象，またはその期間．
	備考	梅雨前線のように「ばいう」と読む場合もあるが，単独では「つゆ」と読む．
梅雨のはしり		梅雨に先立って現れるぐずついた天気．
梅雨入り		梅雨の期間に入ること．

梅雨入り（明け）の発表	備考	数日から一週間程度の天候予想に基づき，地方予報中枢官署が気象情報として発表する．情報文には予報的な要素を含んでいる．「梅雨入り(明け)の宣言」は使用しない．
梅雨の中休み		梅雨期間の中で現れる数日以上の晴れ，または曇りで日が射す期間．
陽性の梅雨		強い雨が降ったかと思うと晴天が現れたりするような，雨の降り方の変化が激しい梅雨．気温は高めになることが多い．
陰性の梅雨		あまり強い雨にはならないが，曇りや雨の天気が長く続く梅雨．気温は低めになることが多い．
空梅雨		梅雨期間に雨の日が非常に少なく，降水量も少ない場合をいう．
梅雨明け		梅雨の期間が終わること．
梅雨の戻り		梅雨明け後に現れる持続的な悪天．
秋の訪れが早（遅）い	備考	a) 季節予報では，9月の平均気温が「低（高）い」と予想されるとき．
		b) 暖候期予報および3か月予報で用いる．
秋めく	備考	意味が曖昧なので発表文には使用しない．
秋雨		秋に降る雨，長雨になりやすい．
	備考	a) おおむね，8月後半から10月にかけての現象だが，地域差がある．
		b) 季節予報では主に解説などで用いる．予報文では「曇りや雨の日が多い」などとする．
秋の長雨		9月頃に現れる長雨（曇りの日があってもよい．）
冬の訪れが早い		季節予報では，11月の平均気温が「低い」と予想されるとき．
	備考	寒候期予報および3ヶ月予報で用いる．

根雪		冬の期間中に積もった雪が，長期間消えずに残っている状態
	備考	a) 積雪の継続期間は30日以上とする．
		b) 気象庁の統計では「長期積雪」という．

(11) 大気の流れなどに関する用語

循環指数		大気大循環の状態をみるために，その特徴をよく表すように作られた指数．主に，500hPa高度を用いて作られる．東西指数，極うず指数をはじめ，亜熱帯指数，沖縄高度指数，オホーツク海高気圧指数，小笠原高気圧指数，中緯度高度指数，東方海上高度指数，西谷指数などがある．
東西指数		偏西風が南北に蛇行しているか（低指数），あるいは東西の流れが卓越しているか（高指数）を示す指数で，特定緯度圏間の高度差またはそれを換算した地衝風速で表す．
	備考	季節予報では40°Nと60°Nの500hPa高度偏差から算出している．
極うず		北極付近の上空に形成される低圧部のこと．
	備考	極域上空の成層圏においては，太陽光が射さない冬季（極夜）の間に，極点を中心として非常に気温の低い大気の渦が発達する．これを極うずあるいは極夜うずという．
南北流型		偏西風が南北に蛇行している．大規模な寒気の南下と暖気の北上の区域が交互に分布する．
東西流型（ゾーナルな流れ）		偏西風の蛇行が小さく東西の流れが卓越している状態．大規模な寒気の南下はなく，天気は数日の周期で変化する．
西谷		地球をとりまく大きな流れの中で，日本の西に気圧の谷が形成されている状態．日本付近には南西の気流が流入しやすくなる．
日本谷		地球をとりまく大きな流れの中で，日本付近に気圧の谷が形成されている状態．

東谷		地球をとりまく大きな流れの中で，日本の東に気圧の谷が形成されている状態．日本付近には北西の気流が流入しやすくなる．
北暖西冷型		気温分布型のひとつ．日本を大きく北と西に分けて北が平年より高く，西が平年より低い状態をいう．冬期に暖冬に関連して用いる．
	備考	「北冷西暑」など，暖（暑），冷，並を組み合わせて用いる．
		ただし，「暑」は西が平年より高い場合のみ．全国一様のときは，全国高温または全国低温などと表現する．
北冷西暑型		気温分布型のひとつ．日本を大きく北と西とに分けて北が平年より低く，西が平年より高い状態をいう．夏期に着目される．

(12) 天気図や気圧配置に関する用語

西高東低の気圧配置		日本付近から見て西が高く東が低い気圧配置．冬期に典型的に現れる気圧配置．
南高北低の気圧配置		日本付近から見て南が高く北が低い気圧配置．夏期に典型的に現れる気圧配置．
冬型の気圧配置		大陸に高気圧，日本の東海上から千島方面に発達した低気圧がある気圧配置．
	用例	冬型の気圧配置が強まる（緩む，弱まる）．
	備考	時間的，空間的に小さな西高東低の気圧配置は「冬型の気圧配置」とはいわない．
梅雨型の気圧配置		オホーツク海方面にオホーツク海高気圧，日本の南に太平洋高気圧があって，日本付近に前線が停滞する気圧配置．
夏型の気圧配置		日本の南または南東海上に太平洋高気圧があって日本付近を覆い，大陸が低気圧となっている気圧配置．

付録

北高型の気圧配置		それぞれの地方から見て高気圧が北の方にあり，その地方の南に低気圧や前線がある気圧配置．
	備考	「高気圧が××地方より北にある，いわゆる北高型の気圧配置」などと説明を付ける．

(13) 気団に関する用語

気団	広い範囲にわたり，気温や水蒸気量がほぼ一様な空気の塊．
寒気団	相対的に寒冷な気団．
暖気団	相対的に温暖な気団．
北極気団	北極域に発現する低温で乾燥した気団．
寒帯気団	寒帯に発現する冷たい気団の総称．
熱帯気団	熱帯または亜熱帯に発現する気団の総称．
シベリア気団	冬にシベリアや中国東北区に発現する大陸性寒帯気団．
オホーツク海気団	梅雨や秋雨の頃にオホーツク海や三陸沖に発現する海洋性寒帯気団．
小笠原気団	北西太平洋の亜熱帯高気圧域に発現する海洋性熱帯気団．
長江（揚子江）気団	一般には移動性高気圧の通過に際して，日本付近を覆う大陸性亜熱帯気団．春と秋に長江流域で発現する．

(14) 長期予報で使われる主な地域名

全球	地球全体．
高緯度	北極圏，南極圏付近の領域．概ね緯度で60°より高緯度．
中緯度	温帯などの領域．概ね緯度で30°〜60°の領域．
低緯度	熱帯・亜熱帯の領域．概ね緯度で30°より低緯度．
海洋大陸	インドネシア付近．

北日本		北海道，東北地方．
	備考	梅雨の時期の降水量予報には北海道地方を含まない．
北日本日本海側		北海道の日本海側とオホーツク海側（宗谷南部），東北日本海側．
北日本太平洋側		北海道の太平洋側とオホーツク海側（網走・北見・紋別地方），東北太平洋側．
東日本		関東甲信，北陸，東海地方．
東日本日本海側		北陸地方．
東日本太平洋側		関東甲信，東海地方．
西日本		近畿，中国，四国，九州北部地方，九州南部．
西日本日本海側		近畿日本海側，山陰，九州北部地方．
	備考	季節予報の降雪量予報には九州北部地方は含まない．
西日本太平洋側		近畿太平洋側，山陽，四国，九州南部．
沖縄・奄美		鹿児島県奄美地方，沖縄地方．
本州付近		東北地方，東日本，西日本とその周辺海域．
北海道地方		北海道全域．
東北地方		青森県，秋田県，岩手県，山形県，宮城県，福島県．
関東甲信地方		東京都，栃木県，群馬県，埼玉県，茨城県，千葉県，神奈川県，長野県，山梨県．
東海地方		静岡県，岐阜県，三重県，愛知県．
北陸地方		新潟県，富山県，石川県，福井県．
近畿地方		京都府，大阪府，兵庫県，奈良県，滋賀県，和歌山県．
中国地方		鳥取県，島根県，岡山県，広島県．
四国地方		香川県，愛媛県，徳島県，高知県．
九州北部地方（山口県を含む）		山口県，福岡県，大分県，佐賀県，熊本県，長崎県．
九州南部・奄美地方		宮城県，鹿児島県．

沖縄地方		沖縄県.
用語	区分	説明
北海道日本海側		宗谷北部，利尻・礼文，上川地方，留萌地方，空知地方，石狩地方，後志地方，檜山地方.
北海道オホーツク海側		宗谷南部，紋別地方，網走地方，北見地方.
北海道太平洋側		根室地方，釧路地方，十勝地方，胆振地方，日高地方，渡島地方.
東北日本海側		青森県（津軽地方），秋田県，山形県，福島県（会津地方）.
東北太平洋側		青森県（下北，三八上北地方），岩手県，宮城県，福島県（中通り，浜通り地方）.
東北北部		青森県，秋田県，岩手県.
東北南部		山形県，宮城県，福島県.
東海地方		愛知県，岐阜県，三重県，静岡県.
	備考	季節予報，地方週間天気予報で寒候期に限り（岐阜県山間部）（美濃地方山間部と飛騨地方）を使用.
北陸東部		新潟県.
	備考	季節予報では用いるが，天気予報や気象情報では県名を括弧書きで特定して用いる.
北陸西部		富山県，石川県，福井県.
	備考	季節予報では用いるが，天気予報や気象情報では県名を括弧書きで特定して用いる.
近畿太平洋側		京都府南部，兵庫県南部，滋賀県南部，大阪府，奈良県，和歌山県.
	備考	季節予報で使用する.
近畿日本海側		京都府北部，兵庫県北部，滋賀県北部.
	備考	季節予報で使用する.
山陽		岡山県，広島県.
山陰		鳥取県，島根県.

九州南部		宮崎県，鹿児島県の本土，種子島，屋久島．
奄美地方		奄美群島，トカラ列島．
沖縄本島地方		本島北部，本島中南部，久米島．
大東島地方		南大東島，北大東島．
宮古島地方		宮古島市，多良間村．
八重山地方		石垣島地方，与那国島地方．

付録　主な平年値

月平均気温の平年値（統計期間：1981－2010年）

各地の気象台の値（都道府県ごとに1地点）　単位：℃（気象庁提供）

地点名	1月	2月	3月	4月	5月	6月	7月	8月	9月	10月	11月	12月	年
札幌	−3.6	−3.1	0.6	7.1	12.4	16.7	20.5	22.3	18.1	11.8	4.9	−0.9	8.9
青森	−1.2	−0.7	2.4	8.3	13.3	17.2	21.1	23.3	19.3	13.1	6.8	1.5	10.4
秋田	0.1	0.5	3.6	9.6	14.6	19.2	22.9	24.9	20.4	14.0	7.9	2.9	11.7
盛岡	−1.9	−1.2	2.2	8.6	14.0	18.3	21.8	23.4	18.7	12.1	5.9	1.0	10.2
山形	−0.4	0.1	3.5	10.1	15.7	19.8	23.3	24.9	20.1	13.6	7.4	2.6	11.7
仙台	1.6	2.0	4.9	10.3	15.0	18.5	22.2	24.2	20.7	15.2	9.4	4.5	12.4
福島	1.6	2.2	5.3	11.5	16.6	20.1	23.6	25.4	21.1	15.1	9.2	4.4	13.0
新潟	2.8	2.9	5.8	11.5	16.5	20.7	24.5	26.6	22.5	16.4	10.5	5.6	13.9
金沢	3.8	3.9	6.9	12.5	17.1	21.2	25.3	27.0	22.7	17.1	11.5	6.7	14.6
富山	2.7	3.0	6.3	12.1	17.0	20.9	24.9	26.6	22.3	16.4	10.8	5.7	14.1
長野	−0.6	0.1	3.8	10.6	16.0	20.1	23.8	25.2	20.6	13.9	7.5	2.1	11.9
宇都宮	2.5	3.3	6.8	12.5	17.2	20.6	24.2	25.6	21.9	16.1	10.1	4.9	13.8
福井	3.0	3.4	6.8	12.8	17.7	21.6	25.6	27.2	22.7	16.6	11.0	5.9	14.5
前橋	3.5	4.0	7.3	13.2	18.0	21.5	25.1	26.4	22.4	16.5	10.8	6.0	14.6
熊谷	4.0	4.7	7.9	13.6	18.2	21.7	25.3	26.8	22.8	17.0	11.2	6.3	15.0
水戸	3.0	3.6	6.7	12.0	16.4	19.7	23.5	25.2	21.7	16.0	10.4	5.4	13.6
岐阜	4.4	5.1	8.6	14.4	19.0	22.8	26.5	28.0	24.1	18.1	12.2	6.9	15.8
名古屋	4.5	5.2	8.7	14.4	18.9	22.7	26.4	27.8	24.1	18.1	12.2	7.0	15.8
甲府	2.8	4.3	8.0	13.8	18.3	21.9	25.5	26.6	22.8	16.5	10.4	5.0	14.7
銚子	6.4	6.6	9.1	13.3	16.9	19.5	22.9	25.2	23.0	18.7	14.0	9.2	15.4
津	5.3	5.6	8.5	14.0	18.6	22.4	26.3	27.5	24.0	18.3	12.7	7.8	15.9
静岡	6.7	7.3	10.3	14.9	18.8	22.0	25.7	27.0	24.1	18.9	13.9	9.0	16.5
東京	6.1	6.5	9.4	14.6	18.9	22.1	25.8	27.4	23.8	18.5	13.3	8.7	16.3
横浜	5.9	6.2	9.1	14.2	18.3	21.3	25.0	26.7	23.3	18.0	13.0	8.5	15.8
松江	4.3	4.7	7.6	12.9	17.5	21.3	25.3	26.8	22.6	16.8	11.6	6.9	14.9
鳥取	4.0	4.4	7.5	13.0	17.7	21.7	25.7	27.0	22.6	16.7	11.6	6.8	14.9
京都	4.6	5.1	8.4	14.2	19.0	23.0	26.8	28.2	24.1	17.8	12.1	7.0	15.9
彦根	3.7	3.9	6.9	12.3	17.2	21.4	25.6	27.1	23.2	17.1	11.4	6.3	14.7
下関	6.9	7.2	9.9	14.5	18.6	22.3	26.3	27.6	24.4	19.4	14.2	9.4	16.7
広島	5.2	6.0	9.1	14.7	19.3	23.0	27.1	28.2	24.4	18.3	12.5	7.5	16.3
岡山	4.9	5.5	8.8	14.5	19.3	23.3	27.2	28.3	24.4	18.1	12.3	7.3	16.2
神戸	5.8	6.1	9.3	14.9	19.4	23.2	26.8	28.3	25.2	19.3	13.9	8.7	16.7
大阪	6.0	6.3	9.4	15.1	19.7	23.5	27.4	28.8	25.0	19.0	13.6	8.6	16.9
和歌山	6.0	6.4	9.5	14.9	19.3	23.0	27.0	28.1	24.7	18.8	13.5	8.5	16.7
奈良	3.9	4.4	7.6	13.4	18.0	21.9	25.8	26.9	22.9	16.6	11.1	6.2	14.9
福岡	6.6	7.4	10.4	15.1	19.4	23.0	27.2	28.1	24.4	19.2	13.8	8.9	17.0
佐賀	5.4	6.7	9.9	15.0	19.5	23.3	26.8	27.8	24.2	18.6	12.9	7.6	16.5
大分	6.2	6.9	9.7	14.5	18.8	22.4	26.5	27.3	23.9	18.6	13.4	8.5	16.4

地点名	1月	2月	3月	4月	5月	6月	7月	8月	9月	10月	11月	12月	年
長崎	7.0	7.9	10.9	15.4	19.4	22.8	26.8	27.9	24.8	19.7	14.3	9.4	17.2
熊本	5.7	7.1	10.6	15.7	20.2	23.6	27.3	28.2	24.9	19.1	13.1	7.8	16.9
鹿児島	8.5	9.8	12.5	16.9	20.8	24.0	28.1	28.5	26.1	21.2	15.9	10.6	18.6
宮崎	7.5	8.6	11.9	16.1	19.9	23.1	27.3	27.2	24.4	19.4	14.3	9.6	17.4
松山	6.0	6.5	9.5	14.6	19.0	22.7	26.9	27.8	24.3	18.7	13.3	8.4	16.5
高松	5.5	5.9	8.9	14.4	19.1	23.0	27.0	28.1	24.3	18.4	12.8	7.9	16.3
高知	6.3	7.5	10.8	15.6	19.7	22.9	26.7	27.5	24.7	19.3	13.8	8.5	17.0
徳島	6.1	6.5	9.6	14.8	19.2	22.7	26.6	27.8	24.5	18.9	13.5	8.5	16.6
那覇	17.0	17.1	18.9	21.4	24.0	26.8	28.9	28.7	27.6	25.2	22.1	18.7	23.1
昭和	−0.7	−2.9	−6.5	−10.1	−13.5	−15.2	−17.3	−19.4	−18.1	−13.5	−6.8	−1.6	−10.4

月降水量の平年値（統計期間：1981−2010年）

各地の気象台の値（都道府県ごとに1地点）　単位：mm（気象庁提供）

地点名	1月	2月	3月	4月	5月	6月	7月	8月	9月	10月	11月	12月	年
札幌	103	98	97	93	96	91	121	90	98	88	101	107	98
青森	100	96	101	104	102	92	114	95	102	98	105	101	101
秋田	104	97	104	96	100	92	106	97	90	98	101	98	98
盛岡	105	89	100	93	99	96	112	103	102	95	97	110	101
山形	110	89	103	100	93	108	109	101	95	122	105	107	103
仙台	112	79	93	99	102	106	112	96	86	123	97	139	101
福島	113	89	98	102	106	103	111	107	95	125	103	129	106
新潟	103	96	108	98	101	100	108	99	99	108	105	106	103
金沢	101	93	104	95	101	96	102	85	93	94	99	98	97
富山	102	99	109	100	105	100	108	93	96	101	109	105	102
長野	116	105	111	91	99	95	98	103	99	118	108	119	103
宇都宮	126	91	108	101	102	90	112	104	94	122	103	139	103
福井	102	92	106	93	99	95	109	94	96	96	98	101	99
前橋	126	97	109	99	112	96	108	110	103	124	105	175	107
熊谷	125	86	107	97	106	94	104	102	100	118	101	154	103
水戸	112	96	107	95	98	96	105	99	94	117	104	139	102
岐阜	107	98	100	86	99	97	96	87	88	101	98	123	95
名古屋	112	102	106	87	101	100	93	90	94	110	100	122	98
甲府	118	102	106	94	111	93	100	103	94	116	101	137	102
銚子	117	97	103	99	108	113	102	106	97	109	105	114	105
津	107	96	100	88	106	94	86	88	95	108	94	112	96
静岡	105	100	102	88	96	103	99	102	96	116	99	106	100
東京	108	93	103	96	108	102	108	101	108	121	100	129	104
横浜	106	92	105	97	110	99	100	111	101	111	99	127	104
松江	104	90	104	96	110	96	105	79	98	101	98	107	99
鳥取	108	97	111	99	103	99	102	92	87	101	101	111	101
京都	103	105	101	85	104	93	102	92	86	100	95	115	96
彦根	104	95	100	85	99	93	109	89	87	103	100	110	97
下関	104	102	103	87	105	95	109	98	101	83	104	116	100
広島	95	100	103	91	113	96	109	88	94	92	101	118	100
岡山	104	110	104	90	109	92	101	96	84	93	100	118	97

付録

地点名	1月	2月	3月	4月	5月	6月	7月	8月	9月	10月	11月	12月	年
神戸	97	105	108	84	105	96	104	91	84	93	98	103	96
大阪	104	105	105	86	104	92	101	92	92	103	105	116	98
和歌山	99	105	108	88	100	94	101	89	88	109	119	120	99
奈良	107	105	104	87	106	91	95	96	96	105	104	116	99
福岡	94	100	103	93	103	94	104	92	102	91	105	111	99
佐賀	99	100	104	94	105	93	102	96	98	88	114	113	99
大分	96	95	98	99	105	93	106	93	92	94	112	122	98
長崎	91	98	102	94	102	87	95	94	91	93	107	106	95
熊本	100	107	103	93	105	93	106	95	96	92	113	109	100
鹿児島	98	107	97	99	90	95	102	102	99	93	97	125	106	99
宮崎	89	101	101	98	96	103	102	102	108	105	101	107	116	102
松山	101	107	109	95	110	93	118	88	88	97	109	119	101
高松	97	100	113	88	108	95	107	93	79	96	97	110	96
高知	95	104	104	93	112	93	104	89	87	104	91	112	97
徳島	91	92	111	94	107	93	92	100	74	107	95	115	94
那覇	93	96	101	92	99	117	80	97	130	94	89	102	100
昭和	×	×	×	×	×	×	×	×	×	×	×	×	×

気温の階級別日数の平年値と降雪量の平年値（統計期間：1981－2010年）

各地の気象台の値（都道府県ごとに1地点）（気象庁提供）

地点名	日最高気温25℃以上（夏日）年間日数	日最高気温30℃以上（真夏日）年間日数	日最高気温35℃以上（猛暑日）年間日数	日最低気温0℃未満（冬日）年間日数	日最高気温0℃未満（真冬日）年間日数	日最低気温25℃以上年間日数	年降雪量(cm)
札幌	49.1	8.0	0.1	124.8	45.0	0.1	597
青森	60.0	12.5	0.2	106.2	20.4	0.3	669
秋田	73.8	18.3	1.2	85.2	10.2	2.6	377
盛岡	70.8	19.1	0.5	123.3	14.9	0.1	272
山形	96.4	37.1	4.0	99.5	9.4	0.4	426
仙台	66.0	17.9	0.6	70.3	1.7	1.4	71
福島	97.4	42.2	6.4	71.6	2.0	3.7	189
新潟	94.0	33.5	3.2	37.3	1.1	11.1	217
金沢	103.3	41.1	2.3	26.2	0.3	13.5	281
富山	103.2	40.3	5.7	44.0	1.2	6.2	383
長野	103.3	43.5	3.2	104.6	7.1	0.8	263
宇都宮	101.3	43.6	3.6	79.7	0.1	2.4	28
福井	116.3	49.4	5.5	37.2	0.3	9.7	286
前橋	111.5	52.3	9.2	50.5	0.0	5.3	24
熊谷	117.2	56.7	13.9	48.2	0.0	8.1	22
水戸	87.8	32.6	1.8	74.0	0.0	2.2	16
岐阜	133.0	67.7	13.1	32.9	0.1	21.0	47
名古屋	131.4	64.3	11.5	28.5	0.0	19.4	16
甲府	130.6	65.5	12.0	68.5	0.1	4.0	29
銚子	69.8	13.5	0.0	9.2	0.0	5.0	1
津	115.3	49.7	5.2	15.5	0.0	23.5	7

地点名	日最高気温 25℃以上 (夏日) 年間日数	日最高気温 30℃以上 (真夏日) 年間日数	日最高気温 35℃以上 (猛暑日) 年間日数	日最低気温 0℃未満 (冬日) 年間日数	日最高気温 0℃未満 (真冬日) 年間日数	日最低気温 25℃以上 年間日数	年降雪量 (cm)
静岡	119.2	47.7	3.2	19.6	0.0	11.6	0
東京	110.0	48.5	3.2	5.8	0.0	27.8	11
横浜	103.8	43.3	1.2	7.9	0.0	18.5	13
松江	111.6	43.9	4.3	28.0	0.2	10.4	89
鳥取	121.2	54.5	9.5	29.7	0.2	7.8	214
京都	136.8	71.3	15.4	22.9	0.0	20.7	19
彦根	110.4	48.3	2.0	29.7	0.1	11.8	104
下関	114.2	44.1	0.3	2.6	0.0	35.5	4
広島	136.3	63.1	5.9	17.0	0.0	28.2	12
岡山	133.3	66.7	10.7	24.0	0.0	28.8	3
神戸	124.4	54.9	2.8	7.8	0.0	43.1	2
大阪	139.0	73.2	11.6	6.8	0.0	37.4	3
和歌山	131.9	63.6	4.4	8.2	0.0	25.9	2
奈良	130.8	63.9	8.3	52.9	0.0	2.9	8
福岡	132.4	57.1	5.5	4.3	0.0	33.2	4
佐賀	145.8	70.6	9.7	24.6	0.0	19.4	6
大分	126.0	55.7	4.0	16.6	0.0	12.9	2
長崎	132.4	54.2	2.0	4.5	0.0	35.8	4
熊本	154.5	78.6	12.1	29.4	0.0	24.0	2
鹿児島	157.3	76.8	4.0	3.0	0.0	51.6	4
宮崎	137.9	59.5	4.5	16.0	0.0	19.2	0
松山	132.6	61.5	2.7	12.8	0.0	20.0	2
高松	131.8	65.0	8.3	21.0	0.0	22.5	3
高知	144.9	64.0	2.2	21.6	0.0	15.8	1
徳島	127.2	57.2	3.1	8.3	0.0	23.4	4
那覇	207.4	96.0	0.1	0.0	0.0	99.0	0
昭和	0.0	0.0	0.0	363.3	299.9	0.0	×

付録

さくら開花日の平年値（統計期間：1981－2010 年）

（気象庁提供）

地点名	平年値				
稚内	5月14日	福井	4月3日	神戸	3月28日
旭川	5月5日	前橋	3月31日	大阪	3月28日
網走	5月11日	熊谷	3月29日	和歌山	3月26日
札幌	5月3日	水戸	4月2日	奈良	3月29日
帯広	5月4日	岐阜	3月26日	福岡	3月23日
釧路	5月17日	名古屋	3月26日	佐賀	3月24日
室蘭	5月6日	甲府	3月27日	大分	3月24日
函館	4月30日	銚子	3月31日	長崎	3月24日
青森	4月24日	津	3月30日	熊本	3月23日
秋田	4月18日	静岡	3月25日	鹿児島	3月26日
盛岡	4月21日	東京	3月26日	宮崎	3月24日
山形	4月15日	横浜	3月26日	松山	3月25日
仙台	4月11日	松江	3月31日	高松	3月28日
福島	4月9日	鳥取	3月31日	高知	3月22日
新潟	4月9日	舞鶴	4月3日	徳島	3月28日
金沢	4月4日	京都	3月28日	名瀬	1月19日
富山	4月5日	彦根	4月2日	石垣島	1月16日
長野	4月13日	下関	3月27日	宮古島	1月16日
宇都宮	4月1日	広島	3月27日	那覇	1月18日
		岡山	3月29日	南大東島	1月20日

（さくらの開花日とは，標本木で5～6輪以上の花が開いた状態となった最初の日をいいます．観測の対象は主にそめいよしのです．そめいよしのが生育しない地域では，ひかんざくら，えぞやまざくらを観測します．）

索　引

〔あ行〕

- アイスランド低気圧 ……………………… 16
- 秋 ………………………………………… 25, 147
- 亜熱帯高気圧 …………………………… 24, 27
- 亜熱帯ジェット気流 ……………………… 42
- アリューシャン低気圧 …………………… 16
- アンサンブル平均 ………………………… 86
- アンサンブル予報 ……………… 75, 79, 81, 86
- 異常気象 …………………………………… 42
- 異常気象分析検討会 ……………………… 42
- 異常天候 ………………………………… 128, 140
- 異常天候早期警戒情報 ………………… 128, 145
- 1か月予報 …………………………… 10, 11, 145
- 移動性高気圧 ……………………………… 25
- ウォーカー循環 ………………………… 68, 69
- えぞ梅雨 …………………………………… 21
- エルニーニョ現象 ……………………… 10, 66
- エルニーニョ／ラニーニャ現象 ………… 39
- 小笠原気団 ……………………………… 157
- 小笠原高気圧 …………………………… 24, 27
- オホーツク海気団 ……………………… 157
- オホーツク海高気圧 …………………… 29, 56
- 温度偏差場 ……………………………… 98

〔か行〕

- ガイダンス ……………………………… 105
- 外部変動 ………………………………… 91
- カオス …………………………………… 80
- 確率情報 ………………………… 84, 126, 127
- 確率表現 ……………………………… 35, 80
- 確率予報 ……………………… 36, 128, 130

- カテゴリー予報 ………………………… 145
- 寒候期 …………………………………… 147
- 寒候期予報 …………………………… 11, 145
- 間接循環 ………………………………… 45
- 寒帯気団 ………………………………… 157
- 寒冬 ……………………………………… 151
- 気候系 ………………………………… 40, 44
- 気候情報 ………………………………… 140
- 気候値予報 ………………………… 102, 145
- 気候予報 ………………………………… 145
- 季節 ……………………………………… 13
- 季節内振動 ……………………………… 63
- 季節風 …………………………………… 152
- 季節変化 ………………………………… 14
- 季節予報 ………………………………… 10
- 気団 ……………………………………… 13
- 境界条件 …………………………… 10, 91, 107
- 境界値問題 ……………………………… 90
- 極うず …………………………………… 155
- 極渦指数 ……………………………… 51, 52
- 決定論的予測 …………………………… 83
- 高度偏差場 ……………………………… 98
- 高偏差生起確率 ………………………… 103
- コスト／ロス比 ………………………… 131

〔さ行〕

- 最適気候値法 …………………………… 107
- 最適気候値予報 ……………………… 75, 79
- 3か月予報 …………………………… 11, 145
- ジェット気流 ………………………… 44, 47
- 実況解析図 ……………………………… 96
- シベリア気団 ………………………… 14, 157

167

シベリア高気圧 ································ 16, 26
週間天気予報 ···································· 9
周期法 ·· 78
循環指数 ···································· 47, 155
暑夏 ·· 151
初期値 ······································ 82, 83
初期値敏感性 ···································· 85
初期値問題 ······································ 90
信頼度 ····································· 84, 100
数値予報 ·· 84
スプレッド ································· 89, 102
盛夏 ·· 14, 23
西高東低 ································ 14, 15, 26
相関関係 ·· 77
総観規模スケール ································ 7
総観規模の現象 ································ 44
相関シノプティクス ····························· 76
相関分布図 ······································ 76

〔た行〕

大気海洋結合モデル ················· 91, 92, 107
大気大循環 ································ 40, 44
太平洋高気圧 ······················· 23, 27, 43
太陽放射 ·· 44
対流活動 ·························· 39, 48, 60, 61
蛇行 ·· 53, 54
短期予報 ·· 10
暖候期 ··· 147
暖候期予報 ································ 11, 145
暖冬 ·· 151
地域平均気温平年差 ·························· 149
地域平均降水量平年比 ······················· 149
地域平均日照時間平年比 ···················· 149
地球放射 ·· 44
チベット高気圧 ····················· 28, 43, 47
中期予報 ·· 10
長期予報 ······················ 7, 8, 9, 10, 125, 132
長江気団 ·· 18

長江（揚子江）気団 ··························· 157
長波放射 ·· 44
直接循環 ·· 45
梅雨 ·· 14, 20
梅雨明け ·· 22
梅雨明け10日 ··································· 24
梅雨入り ·· 21
梅雨型の気圧配置 ···························· 156
定常ロスビー波 ··························· 38, 46
テレコネクション ··························· 39, 65
天気予報 ··· 9
統計的手法 ······································ 77
統計的方法 ································ 75, 78
統計予測資料 ·································· 107
東西指数 ···································· 48, 155
東西流型 ···································· 53, 155

〔な行〕

内部変動 ·· 91
夏 ·· 147
夏型の気圧配置 ······························ 156
南方振動 ·· 70
南北流型 ···································· 53, 155
西谷 ··· 155
日本谷 ··· 155
熱帯気団 ······································· 157
熱帯収束帯 ······································ 45

〔は行〕

梅雨前線 ·· 21
走り梅雨 ·· 22
ハドレー循環 ···································· 45
春 ·· 18, 147
東谷 ··· 156
フェレル循環 ···································· 45
冬 ·· 14, 147
冬型の気圧配置 ······························ 156
ブロッキング型 ·································· 55

索引

ブロッキング現象 …………………… 44
ブロッキング高気圧 ………………… 55
平均天気図 ………………………… 13, 30
平年値 ………………………………… 37
平年偏差図 ………………………… 149
偏差図 …………………………… 13, 30, 32
偏差分布 …………………………… 35
偏西風 …………………………… 44, 53
貿易風 ……………………………… 68
北暖西冷型 ………………………… 156
北冷西暑型 ………………………… 156
北極気団 …………………………… 157
北極振動 ………………………… 52, 59

〔や行〕

予報精度 …………………………… 88

〔ら行〕

ラニーニャ現象 …………………… 66
力学的手法 ……………………… 75, 79
力学的予報 ………………………… 80
類似性 ……………………………… 78
冷夏 ………………………………… 151
ローレンツモデル ………………… 82
ロスビー波 ………………………… 38

〈著者略歴〉

酒井　重典（さかい・しげのり）
1964年　気象大学校卒業。第10次・第16次南極地域観測隊員として昭和基地にて越冬。
気象庁長期予報課予報官、函館海洋気象台予報課長、鳥取・盛岡・新潟地方気象台長。
気象庁退官後、東京電力（株）系統運用部気象担当部長。
2006年　日本気象予報士会会長。専門は気象予報、長期予報。
著書──『身近な気象の事典（共著）』『アンサンブル予報（共著）』（以上東京堂出版）、『気象予報士ハンドブック（共著）』『誰でもできる気象・大気環境の調査と研究（共著）』（以上オーム社）ほか。

シリーズ新しい気象技術と気象学3　長期予報のしくみ

2012年3月30日　初版印刷
2012年4月10日　初版発行

　著　者　　酒井重典
　発行者　　松林孝至
　発行所　　**株式会社　東京堂出版**　http://www.tokyodoshuppan.com/
　　　　　　〒101-0051　東京都千代田区神田神保町1-17
　　　　　　電話 03-3233-3741
　　　　　　振替 00130-7-270

　印刷所　　東京リスマチック株式会社
　製本所　　東京リスマチック株式会社

ISBN978-4-490-20758-3 C3044　　　ⒸSakai Shigenori 2012
Printed in Japan

シリーズ
「新しい気象技術と気象学」
全6冊

本シリーズは、身近な気象を面白く、楽しく、わかりやすく、解説しています。日常的に体験する気象現象の実態を知り、その正体を明らかにした情報を得ることができます。

天気予報のいま	新田　尚　著 長谷川隆司　著	
日本付近の低気圧のいろいろ	山岸米二郎　著	
長期予報のしくみ	酒井　重典　著	
梅雨前線の正体（仮）	茂木　耕作　著	2012年6月刊行予定
激しい大気現象（仮）	新田　尚　著	2012年8月刊行予定
新しい気象観測（仮）	石原　正仁　著 津田　敏隆　著	2012年10月刊行予定

ずっと受けたかった お天気の授業

池田洋人 ── 著
Ａ５判　156頁
定価（本体1,500円＋税）

たいよう先生が雲の子供達の疑問に答えるお天気の授業。雨や風など誰でも疑問に思うような気象の話題を簡単にわかりやすく、見開き１テーマの対話と図解で楽しく学ぶ。

身近な気象の事典

新田　尚 ── 監修
日本気象予報士会 ── 編
Ａ５判　284頁
定価（本体3,500円＋税）

一般の人が興味を持つ事項や日常生活の中で知っておきたい事項などを網羅、今日の気象学の最新の情報を盛り込み、わかりやすく解説。

最新の観測技術と解析技法による 天気予報のつくりかた

下山紀夫・伊東譲司 ── 著
四六倍判　288頁
定価（本体5,200円＋税）

新しい観測システムを駆使して高度な天気予報をつくる！
気象衛星画像や解析雨量図などのデータを使った解析方法を詳細に解説！ CD-ROM付（Windows XP/Vista，Mac os X対応）

気象予報士のための
最新 天気予報用語集
新田　尚──監修
天気予報技術研究会──編
小Ｂ６判　316頁
定価（本体2,400円＋税）

気象予報士試験の受験者や、新聞・テレビなどで気象・気候関係の記事を読む人々のために、天気予報用語を中心に幅広く気象・気候用語を一般読者向けに解説。

新版
最新天気予報の技術
新田　尚──監修
天気予報技術研究会──編集
四六倍判　504頁
定価（本体3,400円＋税）

新しい気象情報や法律の改正に対応した、全面改稿版！
気象学の基礎から予報の実務までを，豊富な図版で詳細に解説。学科試験から実技試験まで、『気象予報士試験』対策にも対応！

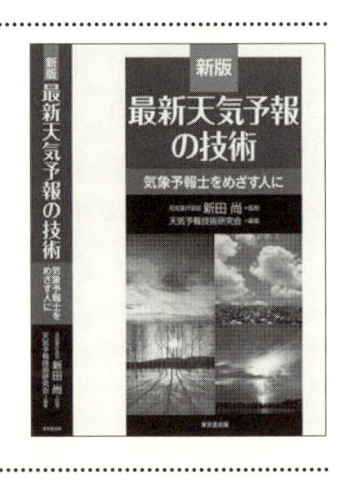

気象予報士実技試験
徹底解説と演習例題
長谷川　隆司──編集
四六倍判　368頁
定価（本体3,500円＋税）

気象予報士実技試験をいかにして突破するか。
基礎知識から最新技術まで、気象現象別の本番の試験に準拠した11問の演習例題を、天気予報の現場のプロが詳しく解説。

気象予報士試験
キーワードで学ぶ
受験対策

古川武彦 —— 著

四六倍判　168頁
定価（本体2,400円＋税）

過去の気象予報士試験のすべてを対象に問題を構成しているキーワードを掲げ分析。受験戦術に欠かせない一冊！

気象予報士試験
数式問題解説集　学科編

新田　尚・白木正規 —— 編著

四六倍判　148頁
定価（本体2,800円＋税）

学科試験における、数式計算問題の形態をタイプ別に分類。
各分野で多くの過去問題などを解説し、「計算問題」の実力アップをはかることができる必須の書！

気象予報士試験
数式問題解説集　実技編

新田　尚 —— 編著

四六倍判　140頁
定価（本体2,800円＋税）

実技試験における、数式計算問題の形態と最近の出題傾向や、一般的な解き方と出題形式の注意点など、過去問題をふまえ詳しく解説！